# 铁路乘务人员缓压手册

TIELU CHENGWURENYUANHUANYASHOUCE

主　编　王晓梅
副主编　陈丽伟　高　霞　杨晓丽
编写人员　王立平　王立军　王小峰
余小梅　石　晶　何　燕
赵红军　刘　光　胡美玉
郭红蕾　曹丽伟　曾凡迅

中国铁道出版社有限公司
CHINA RAILWAY PUBLISHING HOUSE CO., LTD.

**图书在版编目(CIP)数据**

铁路乘务人员缓压手册/王晓梅主编．—北京：中国铁道出版社，2013.8（2020.9重印）

ISBN 978-7-113-16847-6

Ⅰ.①铁… Ⅱ.①王… Ⅲ.①铁路运输－乘务人员－压抑(心理学)－通俗读物 Ⅳ.①B842.6-49

中国版本图书馆 CIP 数据核字(2013)第 132057 号

**书　　名：铁路乘务人员缓压手册**
**作　　者：**王晓梅

---

**责任编辑：**罗桂英　郑媛媛　　**电话：**010-51873027
**封面设计：**王　岩
**责任校对：**龚长江
**责任印制：**赵星辰

---

**出版发行：**中国铁道出版社有限公司（100054，北京市西城区右安门西街 8 号）
**网　　址：**http://www.tdpress.com
**印　　刷：**三河市兴博印务有限公司
**版　　次：**2013 年 8 月第 1 版　2020 年 9 月第 3 次印刷
**开　　本：**700 mm×1 000 mm　1/16　**印张：**8.5　**字数：**128 千
**书　　号：**ISBN 978-7-113-16847-6
**定　　价：**32.00 元

---

# 前言
# Preface

铁路作为我国的基础设施、国民经济动脉和大众化的交通工具，这些年得到了快速发展。伴随着铁路行驶速度的提升、装备现代化进程的不断深入，对铁路员工尤其是铁路乘务人员的技能与生理、心理健康要求也越来越高。

那么，怎样才算健康？拥有怎样的健康才能适应铁路的发展？人的健康不仅是指没有疾病或不虚弱，而是身体的、精神的健康和适应社会的完美状态。长期以来，许多人把健康单纯理解为"无病、无伤、无残"这一肌体的表面状况，其实，人体是一个结构复杂、精细又完美的有机体，一方面它承载着生理与心理间的相互协调统一，另一方面它还承载着自然环境和社会环境间的相互协调统一，由此形成身体、心理和环境的三足鼎立之势，支撑着我们每个人的健康。

截至2012年底，铁路乘务人员约50万人，他们担负着保障我国铁路快速、安全发展的重任，他们的工作性质决定了他们要在一个环境复杂、工作性质单调重复、高工作负荷的条件下进行长时间的行车作业，作业时必须保持注意力高度集中，同时由于担负着列车生命财产安全的重任，容易造成心理压力。为他们编写一本务实的缓压手册，对于优化铁路乘务人员队伍，保障安全作业，促进我国铁路持续健康发展有着积极的重要的意义。

我们在深入调查铁路乘务人员面临的诸多压力状况的基础上，分析了他们常见的压力问题及工作压力的来源，并从生理及心理角度提出了切实可行的调适压力的有效策略和释放压力的解决方案，并配有心理健康自评表和行之有效的减压方法等，旨在引导广大铁路乘务人员了解工作压力的来源及特点，掌握一些切实可行的缓解各种不良情绪的方法，排解工作压力，建立职场自信及良好的人际关系，加强沟通能力等，本书具有较强的操作性与实践性。

希望本书能够帮助广大铁路乘务人员缓解工作中的压力，有效降低乘务人员职业紧张程度，提高他们对各种心理压力的判断和承受能力，缓解工作中产生的压力，以保护铁路乘务人员的身心健康，确保他们的工作能力正常发挥。

《铁路乘务人员缓压手册》编委会

2013 年 7 月

# 目录 Contents



在现代社会中，由于竞争激烈，科技发展迅速，社会体制不断变化，每个人都会感到不同程度的工作压力。铁路乘务人员长期在一个环境复杂、条件限制、工作要求高、工作性质单一重复的条件下进行劳动，且劳动条件、生活环境、营养状况及精神文化生活等均有着特殊性，构成了一类特殊的职业人群。其工作性质决定了他们工作需要长时间保持注意力高度集中，且担负列车乘客生命安全，为广大旅客服务的重任，心理压力极大。

## 第二部分 调适压力的有效策略 19

压力是面对自己无法处理的问题时的一种情绪反应，常常伴随着无力、无奈、不知所措的沮丧和忧郁。比如，完成一项工作所需要的能力是我们所不具备的，可是我们又必须做。面对这种现象，心理学家表示，压力并非全然是坏事，因为压力反应使个人一旦面临真正危险时能做出适当的自卫反应。同时，压力可增加人生的经历和阅历，诱使我们尝试新事物，迎接新挑战。尝试在心理学家的指导下，了解这些负面情绪及调适它们的有效方法，让适当的压力促进工作效率，让工作压力变为前行的动力。

## 第三部分 释放压力的解决方案 59

缓解压力的方法不是孤立和一成不变的，它因时、因地、因人而异，但它又有规律可循，那就是让身心彻底放松。情绪调节法、音乐减压法、运动减压法、放松训练减压法等，已被证明是行之有效的放松技巧。尝试各种不同的释放压力的方法，可以帮助我们找到一个适合自己并且可以经常使用的方法。使用放松技巧，将会改变人体的生理情况，减低新陈代谢，血压降低，心跳变慢，肌肉松弛，胆固醇减少，以及其他的生理反应等。

改革开放三十多年来，中国经济迅猛发展，人们的物质生活水平发生了天翻地覆的变化。但是心理学研究却发现，人们在追逐成功的同时，心态却变得日益浮躁，内心的“幸福感”没有上升反而下降了，各种心理问题日益突显，不少人常常感到心理压力很大，以至于出现各种负面情绪影响了正常的工作和生活。闲暇时，不妨测测自己心理健康状况，做到自己的身心健康心中有数，有病治病，无病预防。

# 第一部分
# 工作压力

在现代社会中，由于竞争激烈，科技发展迅速，社会体制不断变化，每个人都会感到不同程度的工作压力。铁路乘务人员长期在一个环境复杂、条件限制、工作要求高、工作性质单一重复的条件下进行劳动，且劳动条件、生活环境、营养状况及精神文化生活等均有着特殊性，构成了一类特殊的职业人群。其工作性质决定了他们工作需要长时间保持注意力高度集中，且担负列车乘客生命安全，为广大旅客服务的重任，心理压力极大。

## 工作压力是如何定义的

压力是指个体在适应生活的过程中，由于实际或认识能力上的不平衡而引起的一种通过生理、心理和行为反应表现出来的身心紧张状态。具体地说，压力指的是一种身心反应。

“压力(Stress)”首先由 Cannon 于 1925 年提出的。心理学家 Hans Selye 是第一个使用术语“Stress”来表示这种潜在的破坏力的人，并系统地研究了压力的过程，曾把压力现象称为“一般适应综合征”。

工作压力的概念是从压力的概念衍生而来的，它一直成为心理学、生物医学、管理学和社会学等学科的一个重要理论研究

行之有效的缓压方法

每天做15分钟的晨练

范畴，众多研究者是从不同的角度对工作压力进行了定义。

总的说来，已有的研究主要从三个角度来看待工作压力。

①基于反应说，认为工作压力是由于外界刺激物的影响使人们呈现出的一种不适的心理反应，注重从个体的主观感受来进行分析；

②基于刺激说，把压力看成是人对环境的刺激所引起的一系列的生理非正常反应，注重从个体的生理特征变化来进行分析；

③基于环境与生理的交互作用说，认为工作压力是个体和环境之间作用的结果，注重从具体外界刺激对个体的生理变化来进行关联分析。

## 铁路乘务人员工作特点

据2012年底全国铁路（国铁）的一项统计表明：全国约有11.6万名铁路机车司机分布在全国18个铁路局担当机车乘务工作，约有40万列车乘务员从事列车服务工作。由于工作的特殊性，列车司机、列车乘务员大约有二分之一时间是在火车上度过的。铁路乘务人员长期在一个环境复杂、条件恶劣、工作要求高、工作性质单一重复的条件下进行劳动，且劳动条件、生活环境、营养状况及精神文化生活等均有着特殊性，构成了一类特殊的职业人群。其工作性质决定他们工作需要时刻保持注意力高度集中，且担负列车乘客生命安全，为广大旅客服务的重任，心理压力极大，多表现焦虑、紧张感及恐惧；大脑处于极度紧张状态，这些因素促使交感神经兴奋，使得人体的血压升高，容易诱发脑血管疾病。此外，火车运行中也存在着振动及因振动而产生的噪声问题。据有关研究表明，振动对乘务人员危害最大，它不仅影响人的消化系统、骨骼系统，使胃肠损伤、内脏下垂、脊柱异常等，而且影响人的心血管、呼吸及内分泌系统。此外，噪声刺激能使人的血压升高，容易诱发脑血管疾病，因此司机中因脑血管病死亡所占比重大与工作本身所带来的生理与心理压力有一定关系。

## 工作压力对铁路乘务人员的影响

工作压力是一把双刃剑，适当的工作压力，可以激发个体和组织的竞争意识，提高个体和组织的绩效；适当的压力水平可以使铁路乘务人员集中精力，增强机体活动，提高忍耐力，减少错误的发生。

如果铁路乘务人员学会面对并有效处理压力，就可以不断提高应对能力，工作效率也随之提升。所以，压力也是提高铁路乘务人员能动性、适应性的有效工具。

**行之有效的缓压方法**　前一天晚上就做好第二天的准备

但是，过高的压力会对铁路乘务人员和组织产生消极影响，工作中的压力和紧张状态往往会延伸到工作之外。对个体的影响可以从三个方面反映出来：生理方面、心理方面和行为方面。

生理方面的影响。压力导致心率加快、血压升高、抑郁症状、严重头疼、头晕、疲劳、睡眠不好、内分泌功能失调，机体的免疫功能降低，使个体处于“抑制”状态、体力下降，并伴有注意力下降、抑制情绪，而且压力也是导致高血压、缺血性心脏病的危险因素等。

心理方面的影响。压力导致个体对组织承诺的降低、内在满意感的降低，以及影响工作动机、情绪过敏和反应过敏，并出现离职倾向；持续的工作压力易使铁路乘务人员情感衰竭、缺乏成就感；长期的压力状况还会引起心理疾病及自杀等极端行为。

行为方面的影响。压力导致缺勤、病假、离职增多的工作绩效降低，降低组织的认同感与内聚力；持续的工作压力超过个体的耐受程度时可能导致工作倦怠、自我效能降低。

## 铁路乘务人员工作压力的现状

全国铁路第五次、第六次大面积提速后，铁路机务管理制度也进行了较大力度的改革，如提速后实行长交路、单司机作业方式，普遍造成机车司机作业时间、劳动强度增加。列车运行速度的不断提高以及新型列控设备的运用，要求机车司机具有扎实的业务知识和熟练操纵技能、敏捷的判断和应急处理能力；长时间独自驾驶、高度警觉、高密度的视景冲击从而导致机车司机生理、心理疲劳，压力明显增加。列车乘务人员执乘期间要细心观察每位旅客的情况，照顾好不同的旅客，耐心解决随时出现的问题。工作压力的增加直接导致的结果就是乘务人员职业健康状况的持续变化。噪声所致的听力损害是铁路乘务人员最主要的职业病之一，其病情的严重程度与噪声强度、接触时间密切相关。

铁路乘务人员在工作中存在的工作压力主要有两个方面：在工作性质上，他们担负着较为繁重、琐碎的工作，要 1.5 小时做出乘准备、做机器间巡检、做走行部巡检，到终点要1～1.5小时做机车入库及退乘；在工作环境方面，驾驶室、车厢空间相对狭小，废气等不良环境因素的长期作用，影响其健康。另处，客运任务繁重、列车速度快、值乘时间长、工作内容单调，使乘务人员紧张且有危险感；“视频摄像”的应用、轮班作业，使乘务人员缺乏与外界交流。

## 铁路乘务人员的工作压力来源

2007 年全国铁路第六次大提速后，由于动车组的投入运行，

行之有效的缓压方法

不要做任何以后会让你说谎的事

列车运行速度和密度更进一步提高，装备的现代化速度加快、生产力布局的变化，使铁路乘务人员面临的机务管理制度、岗位工作职责、工作环境也发生了相应变化，这些对列车司机、乘务人员心理、生理都有着重要的影响，主要表现在以下几方面。

一是机车驾驶室装备更新升级，要求机车司机在作业时对机车运行信息高度监控具备敏捷的判断和应急处理能力，对作业程序要求更加规范。例如，动车组采用了新型的列控系统、机车 LKJ 监控装置升级，还开通了数字移动通信系统；大部分机车还加装了轴温报警系统、视频监控系统等。

二是列车运行速度和密度的提升，带来乘务人员心理紧张和生理疲劳的加剧；提速后工作环境的改变也要求乘务人员作业更加规范，应急处置更加敏捷；同时高速行驶时驾驶室视景变化极快形成的高密度冲击也加大了乘务人员的心理和生理疲劳。

三是由于机务制度改革后实行长交路、车循环、轮乘制等，使机车乘务人员的工作强度加大了，从而使得部分铁路局机车乘务人员超劳现象更加严重。这种长期高劳动强度的叠加使得乘务人员生理疲劳普遍存在。

四是管理措施的强化，在安全责任意识加强的同时使得乘务人员感受到的压力增加。例如，实施定岗定责、对规对标、监控数据事后分析、“两纪”专项整治、末位淘汰制等针对乘务人员的专项管理措施，就使乘务人员感受到了压力增加。

五是生产力布局调整，带来铁路乘务人员流动性加大，也使作业时间之外的准备时间增加。由于机务段的大规模重组、车间的调整、机车交路的变化，乘务人员可能较长时间远离家庭担当作业，且出乘路途过长，使得乘务人员休息时间缩短，这样长期积累易造成生理疲劳。

## 铁路乘务人员职业压力的启示

由于经济波动造成就业率与收入下降，再加上企业改制、机构重组、人员分流，以及企业生产力布局调整等政策措施的实施，使其中一部分职工被迫离职离岗，有的会面临新岗位、新工种、新的人际交往的挑战，因而使人感受到了前所未有的岗位竞争的压力，产生了从未有过的紧迫感、压力感和危机感。

安全生产带来的职业压力是铁路乘务人员心中的无形压力。由于现代企业生产是专业化和系统化生产，导致任何环节出现技术问题（如标准偏差和设备质量隐患），任何一项管理出现漏洞，任何一个现场作业人员工作疏忽、违章违纪，任何一个安全环境出现盲点，都可能酿成严重后果。

新技术新设备应用，以及高速度快节奏带来的压力，是铁路乘务人员心中的现实压力。现代企业生产环节紧密衔接、工作

**行之有效的缓压方法**

拥有乐观的世界观，相信世上所有人都在尽他们的全力做事

流程紧凑，稍有疏漏就可能酿成大祸，例如，一名铁路机车司机牵引一趟列车，要观察和辨识大量信号和标志以及监控各种行车数据，有的要连续工作十多个小时，必须严格完成各项操纵程序，不得有丝毫疏忽。新技术新设备的应用对各项技术标准和规章制度的科学性、严密性、系统性，对生产企业模式、企业管理等方面的要求都达到极高的程度，因而对管理人员、技术人员的知识结构、专业技能和应急处置能力要求也前所未有。

工作与家庭关系也是导致铁路乘务人员产生沉重压力原因之一。目前消费品物价上涨过快、购房困难、子女上学就业艰难等，让很多企业普通一线职工感到家庭经济生活压力偏大，繁忙的工作难以顾及家庭，昔日国企职工曾经有过的自豪感已不复存在。

职业发展前景不明朗，许多铁路企业培训不足，学习提升的机会不多。铁路乘务人员上岗以后，就不断承受高强度的工作。在社会知识和技术更新换代很快的今天，企业员工在工作一段时间之后，就会发现自己的知识水平已经老化。可是，很多铁路企业没有制定科学的员工培训计划，有的根本不组织员工参加

系统培训，员工的知识和技能得不到更新和提升，职业发展受到制约，这样无形中就给铁路乘务人员带来了压力。

工作和生活不平衡。当今社会，人们的工作节奏加快，铁路乘务人员为了工作放弃了休闲娱乐，生活中有许多事情都来不及协调处理，这样常常出现工作和生活的矛盾，给人们带来极大的苦恼。

缺乏来自同事的支持，和同事沟通不够。每一个员工都是在一定的环境中工作的。员工与员工、领导、管理制度、组织文化、工作环境之间的关系和谐与否直接关系到员工工作情绪的好坏，从而影响工作质量。

## 工作压力带给铁路乘务人员生理方面的问题

承受工作压力是生活中不可避免的，压力像空气、水一样时刻存在于我们的周围，是人类生活不可缺少的一部分。临床心理学家发现，溃疡病的主要起因就是心理压力。溃疡病患者往往具有这样的特点，努力拼命工作，总是担心工作不完美，担心自己能力不够，经常感到无助等。癌症和心脏病、高血压、紧张性头痛的发作也与心理压力有着密切关系。

所有研究表明，人在面临压力紧张的情况时，会有下列类似的生理反应：呼吸急促，透气困难；心跳加速，口渴；肌肉紧张，尤其是额头、后颈、肩肘等部位的肌肉；小便频繁；不自觉的反应，包括胃酸分泌增加，血压升高，血液中化学成分组合的转变，如血糖、胆固醇的浓度提高。

这些反应是人体进入紧张状态的身体征兆，压力的反应起源于大脑，并通过它来协调身体，人体必须首先察觉到外界刺激对健康的威胁，这些可能涉及许多有意识或无意识的思想、信念、经历、情感和价值感等，大脑中的许多不同部位在整个信息处理过程中都起着重要作用。这也是生物体在长期进化过程中形成的一种本能反应。

马良庆(2003 年)在对机车司机职业紧张对神经、内分泌功能的影响研究中，从 1 100 名有两年以上作业工龄的现职司机(机车正、副司机)中随机抽取 54 人作为研究对象。通过采集尿液分析样本的方法，测定班前、班后尿样氧化铝、中肌醉浓度的变化。推测机车司机所承受的紧张程度是中等或偏上，其导致机体内稳态机制紊乱的程度可能还在机体能够应付的范围内，但个体特异性反应及群体特异性反应的同时存在又说明紧张确实存在。

许德江(2005 年)在对济南机务段部分机车司机疲劳情况调查研究中，对 52 名当班值乘机车司机和 117 名车站值班员进行了调查。先用问卷调查方法，对机车司机一般工作状况、疲劳自觉症状调查表和心态疲劳三个方面进行了解，再对机车司机对于红黄蓝绿四色光线的反应时间进行测试，组间均值比较采用 u

检验，异常率的比较采用$\chi^2$检验。结果发现，机车司机主观疲劳七个方面的罹患率均高于值班员（P＜0.01或＜0.05）；自觉疲劳症状中的躯体疲劳、精神疲劳和感觉疲劳阳性率均高于值班员（P＜0.01或＜0.05）；对红色、绿色和平均反应时间高于值班员，红色、黄色、绿色闪烁融合频率时间值均低于值班员（P＜0.05）。由此得出结论：机车司机值乘后的疲劳明显。在王新纯、陶明锐（2004年）对铁路机车司机驾驶疲劳状况的调查研究中，也得出了类似的结论，即机车司机在值乘后的疲劳感等指标有明显变化，并建议机车司机值乘区间在300公里以内为宜。

孙庆华（2005年）在对某铁路机车司机高血压患病情况的了解及其主要危险因素研究中，对1 585名机车司机进行调查。采用Excel 2003和SPSS 10.0软件进行单因素和多因素Logistic回归分析，其高血压患病率为51.86%；采用单因素分析，认为与高血压患病可能有关的危险因素有年龄、文化程度、吸烟、饮酒、体重指数（BMI）、总胆固醇、三酰甘油及血糖等；采用Logistic回归分析，认为机车司机高血压主要影响因素有年龄、饮酒和BMI，其OR值依次为1.501、1.347和1.857；同时还认为40岁以上人群高胆固醇血症、高三酰甘油血症及空腹血糖异常也是高血压危险因素。这些结果均表明机车司机高血压患病率较高。

董燕（2008年）在铁路机车司机这一特殊工种与脂肪肝患病情况的关系研究中，对1 240名25～55岁的铁路司机的超声检查结果进行整理分析。结果得出铁路机车司机查出脂肪肝366人，无脂肪肝874人，脂肪肝总检出率约为29.51%；同时脂肪肝组血脂水平均较非脂肪组高。这个结果表明脂肪肝在铁路司机中发病率明显高于普通人群。

**行之有效的缓压方法**

如果压力妨碍了你做事，不妨换个环境试试

在心理学家的眼里，90%的生理疾病都是心病，都是由心理原因引起的，所以，生理疾病可以由心理来解释。如高血压是把外面的压力压到血管去了，哮喘是被压抑的呐喊，麻疹是身体体验压力的一种反应。

## 工作压力带给铁路乘务人员心理方面的问题

在现代社会中，由于竞争激烈，科技发展迅速，社会体制不断变化，每个人都会感到前所未有的工作压力。对美国人的研究发现，90%接受初级治疗的人是因为与压力有关的问题；每年大约75万美国人尝试自杀，因为他们无法排解工作压力。美国约100万名员工因为压力大而缺勤；40%的员工工作调动与压力有关。在全球，导致员工丧失劳动力的十大主要原因中，有5个属于心理问题。中国企业中20%的员工受到心理问题的困扰。工作压力过高、人际关系困难、家庭和婚姻生活失败、缺乏自信心等种种问题困扰着员工。

压力引起的心理反应有警觉、注意力集中、思维敏捷和精神振奋，这是适度的心理反应，有助于个体应付环境。但是，过度的压力会带来负面反应，出现消极的情绪，如忧虑、焦躁、愤怒、沮丧、悲观、失望、抑郁等。会使人思维狭窄、自我评价降低、自信心减弱、注意力分散、记忆力下降，表现出消极被动的状态。

有研究表明，过度的压力会影响人的智能，压力越大，认知效能越差。

李永文、陈龙（2006 年）在机车司机心理压力、心理健康及组织管理的关系研究中指出，铁路机车司机作为保证铁路运输安全最直接的责任人，其心理健康状况直接影响到铁路运输安全。针对机车司机的特殊工作性质，他们从心理学的角度开展心理健康研究，通过在全路机务段随机选取机车司机进行调查，结果发现机车司机总体心理健康水平一般，总体 GHQ 的均值为2.05，略高于常模 2.0。机车司机心理健康水平与其工龄、工作岗位、婚姻状况和家庭人均月收入四项个体特征存在显著性差异：9～15 年工龄组、副司机岗位、再婚、家庭人均月收入2 000元，GHQ 为同组内最高，心理健康水平为同组内最低。在四种领导行为中，P 型、M 型和 PM 型下的机车司机 GHQ 高于常模水平，还高于总体样本的水平，在 PM 型下其 GHQ 最低，心理健康水平最高。

许德江（2005 年）在机车司机心理健康状况调查研究中还发现机车司机在存在严重工作压力的同时还忍受着强大的心理压力。研究采用 SCL-90 量表，对机车司机躯体症状、强迫症状、人际交往、抑郁症状、焦虑症状、敌对情绪、恐怖情绪、偏执情绪和精神病型九个方面进行了分析。结果表明，机车司机存在严重的心理压力，其中尚未结婚者占多数（83.8%），主要受职业紧张因素影响。30～ 39 岁组 SCL-90 中异常因子得分较高，因大多

行之有效的缓压方法

珍惜每一天，及时行乐

组建家庭要面对住房等重大事件，心理波动极大，而工作特点使其难于或不能尽快解决。40～49 岁组问题得到解决，适应或应付能力也提高，较 30～39 岁组有所改善。不同年龄组与值班员、常模的比较结果也不同。从调查的结果可以看出，在人、车辆和线路条件等因素中，人的自身因素尤为重要。

有研究表明，工作压力带给铁路乘务人员心理方面的问题有焦虑、抑郁、烦躁和孤独情绪等，帮助这一特殊职业人群解决压力导致的心理问题是铁路企业的当务之急。

## 影响铁路乘务人员心理健康的因素

有研究表明，目前影响铁路乘务人员心理健康的主要因素有工作环境、工作负荷、角度冲突、组织管理、管理行为、事业发展、人际交往、工作与家庭。

随着社会的发展和铁路事业的繁荣，有大量青年员工进入铁路乘务人员的行列。他们强调自我存在的状态，一切行为习惯于从自身喜好出发，更加注重外在环境及环境中的人、事物与自己喜好的匹配程度。因此他们习惯将视角指向外部，特别是当自己遭遇挫折时，希望企业能够直接帮助他们解决问题或困扰。对他们的这些影响心理健康的因素，铁路企业应该重点疏导。

在工作环境上。优化沿线信号等标志、优化车机联控等。强化道口及线路安全管理，减少突发事件。强化机车司机的特殊路段或特殊天气行车预案和演练。

在工作负荷上。合理优化乘务人员连续作业时间。降低劳动强度，杜绝超劳。增加作业间的休息时间，降低疲劳累积。

在角度冲突上。解决个人与组织目标的融合。赋予乘务人员必要的、适当的权利。关注铁路企业改革与乘务人员个人价值的同步发展与进步。

在组织管理上。建立机务段人性化的柔性管理制度。制定合理的奖罚制度。建立健全、畅通管理者与铁路乘务人员的日常沟通、交流机制。

在管理行为上。强化人性化管理行为，乘务人员与管理者日常的平等沟通。发挥乘务人员参与工作策划的积极性。强调管理领导事务处理的公平、公正与透明。

在事业发展上。建立和完善乘务人员的职业发展规划，建立乘务人员个人发展的支持体系。建立适宜的企业文化，增强他们的归属感。关注个人的进步和取得的成绩，强化激励制度。

在人际交往上。建立和谐的企业工作氛围、和睦的同事关系。建立协作发展的优良团队精神。

在工作与家庭上。积极改善乘务人员工资与福利。社会及家庭的积极支持。关心乘务人员家庭困难，解决后顾之忧，支持他们处理好工作与家庭的关系。

## 知识链接

### 你对压力的误解

误解一：压力是从神经紧张开始的。事实上，压力从精神紧张就开始了，精神紧张导致神经紧张。

误解二：只要你存在压力，你一定会知道。事实上，很多人都有压力，可是他们并不知道，如中小学生考试前莫名其妙地发烧、拉肚子、出麻疹；成年人每天早晨都赖床，不愿意去上班；出现背痛、胸痛等。事实上，他们遭遇压力的躯体反应已经有了，可是在意识层面还不知道。

误解三：长期运动会减弱你抵御压力的能力。事实正相反，长期运动恰恰能恢复身体素质，增强我们抵御压力的能力。因为运动使身体产生内啡呔，会增强人们的幸福感。

误解四：有压力总是不好的。实际上，压力是我们维持生存必需的，是我们生活的一部分，有压力才能享受精彩的人生。

误解五：压力会制造不愉快的问题，但不会置你于死地。事实上，压力不但会制造不愉快的问题，而且会置人于死地。前几年各地电台都开办了晚间心理热线节目，某些节目主持人由于节目制作本身的压力和长期接触负面问题，最后自己的心理出现了问题，还有极少数人导致自杀。

误解六：打针吃药可控制压力，我们常常以为这是一个无稽之谈。一个是生理上的，一个是心理上的，它们之间怎么可能有关系呢？事实上，药物可以起到改善生理状态，进而改善心理状态的作用。对比较严重的抑郁症患者，直接进行心理治疗是没有用的。有经验的心理治疗师常常会先用药，等患者病情缓解后再配合心理治疗。

误解七：下班后回到家，你不会把压力带回家。事实上，人们很难在心理上把压力界定在某一时间或某一场合。压力常常充斥在整个学习、工作和生活中。当爱人从单位回家、阴沉着脸进门的时候，有经验的妻子立即就意识到丈夫在工作中遇到了麻烦，然后小心行事，免得惹他生气，把怒气撒在自己的身上。这时只要孩子有一点不顺从或调皮，立刻就会招来父亲的拳头或辱骂。

误解八：压力只是心事。实际上，压力不只是心事，而且还可能形成生理疾病和心理疾病。

误解九：压力是完全可以消除的。压力可以减轻，某一方面的压力甚至可以消除。但在生活中，一个人不可能完全没有压力。就像人在大气层中都有大气压一样，压力是一个人正常生存的条件。

误解十：除非你完全改变生活方式，否则无法应对压力。完全改变生活方式只是应付压力的方式之一，应对压力的方式有很多。

# 第二部分
# 调适压力的有效策略

压力是面对自己无法处理的问题时的一种情绪反应，常常伴随着无力、无奈、不知所措的沮丧和忧郁。比如，完成一项工作所需要的能力是我们所不具备的，可是我们又必须做。面对这种现象，心理学家表示，压力并非全然是坏事，因为压力反应使个人一旦面临真正危险时能做出适当的自卫反应。同时，压力可增加人生的经历和阅历，诱使我们尝试新事物，迎接新挑战。尝试在心理学家的指导下，了解这些负面情绪及调适它们的有效方法，让适当的压力促进工作效率，让工作压力变为前行的动力。

## 铁路乘务人员焦虑情绪的调适策略

2007年全国铁路第六次大提速后，由于动车组的投入运行，列车运行速度和密度进一步提高，装备的现代化速度加快、生产力布局的变化，使机车乘务人员面临的机务管理制度、岗位工作职责、工作环境也发生了相应变化，这些对铁路乘务人员的心理、生理有着重要的影响，会使他们产生焦虑情绪。

首先说说焦虑情绪与焦虑症。

焦虑情绪是与处境不相称的痛苦情绪体验，例如生活中遇到一些事件，包括降薪、工作失误、准备考试、升职竞争等，而导

## 行之有效的缓压方法

拖延是压力之母，无论你明天要做什么，今天就做；无论你今天要做什么，现在就做

致一种正常的情绪体验。典型的形式为没有确定的客观对象和具体而固定的观念内容的提心吊胆，人们常称为漂浮焦虑，或无名焦虑。

在心理学上，焦虑症是一种精神疾病，又称焦虑性神经症，以广泛性焦虑症（慢性焦虑症）和发作性惊恐状态（急性焦虑症）为主要临床表现，常伴有头晕、胸闷、心悸、呼吸困难、口干、尿频、尿急、出汗、震颤和运动性不安等症，其焦虑并非由实际威胁所引起，其紧张惊恐程度与现实情况很不相称。其主要特征有身体紧张、自主神经系统反应性过强、对未来担心、过分机警。

工作负荷直接关系到人们的精神与身体承受能力。工作负荷过大，会对乘务人员造成压力，神经处于高度紧张的状态，产生焦虑情绪。

铁路乘务人员面对的角色冲突可能包括三个方面：一是角色模糊，是指由于提速导致乘务人员的工作任务或工作目标或职责权限或业绩标准没有被明确告知而导致不知道自己扮演什么角色，无法形成正确的预期；二是当乘务人员需要扮演两种或两种以上的角色时，不同角色对乘务人员心理和行为的要求是

冲突的，最后导致乘务人员无所适从或者不能有效应对；三是所谓角色超载就是乘务人员承接的期望和要求过多过高而导致工作压力太大，可以表现为工作目标高不可攀、工作量太大、工作事务过于繁忙、工作任务不够具体量化等。角色冲突必然引起工作紧张，过高的工作紧张对个体的影响反映在三个方面：情绪上、行为上和身体上。这些对个体的影响都会直接对工作产生消极影响，产生焦虑情绪，甚至严重者导致焦虑症。面对焦虑情绪，我们可以通过自我心态调整来化解。我们该怎样调整心态以达到化解焦虑的目的呢？

### 增加自信，去除自卑心理

自信是治愈神经性焦虑的前提。面对焦虑，我们首先要培养自己的自信心，专家建议准备几张小卡片，上面记录他人对自己的所有赞美，诸如："你学识渊博"、"你身材苗条"等。在焦虑或压抑时，拿出来读一下，这是一种对信心的及时强化。开始时也许只能写出几个优点，坚持一段时间之后，就会积少成多，自信心在这个过程中也会不断提高。

把别人的贺卡、评语及曾经得到的奖品放在触手可及的位置，自卑时随手翻出来看一看会对自信心恢复有好处。

进行自我暗示，反复默念"我行"、"我能行"。默念时要果断，每天早晨起床后、晚上临睡前都可以默念 9 次，遇到困难时还可以适当加倍。这种积极暗示可以让人时刻保持一种自信的状态。

要习惯挺胸抬头。心理学研究表明，人的姿势和人的内心体验是相适应的，姿势可以和心理体验相互促进。自信的人总是昂首挺胸、意气风发；而自卑的人则习惯表现得无精打采、垂

**行之有效的缓压方法**

计划先行，不要等到事情已经发生了，才去想解决办法

头丧气。因此习惯于昂首挺胸，会让人逐步找回自信。

### 学会以己及人，正确观照自身

心态调整方法有很多，保持观照是其中最重要也是最关键的。许多人的困扰来自于没有觉知：看不清自己、摸不透别人，所以焦虑紧张，忙乱不安。但是正确地观照自己也是最难做到的，因为人总会有以自我为中心的惯性，认为自我比天大，难以做到谦虚忍耐，做到放下。正确观照自身，也是为了给心灵留出属于自己的空间，使自己做自己，而不是活在别人的眼里。长时间失去自我，很容易让人感觉紧张压抑，透不过气来。

### 降低生活欲望，克服完美枷锁

人有一种本能的追求美好事物的欲望。但是贪求太多，所得又相对太少，自然容易产生不满、厌烦和紧张情绪。我们要适当降低生活欲望，追求那些对自己来说真正有意义的事情，至于那些虚名浮利不妨放下。有些人对己太苛，做事力求最好，力求完美。然而现实往往是残酷的，绝对的完美是不存在，这些人经常会陷入理想与现实的矛盾之中，压抑、紧张、焦虑让

人无处可躲。所以，"差不多"原则对这些人来说是非常可取的。

### 学会宽容、感恩

与人相处时，要有容人之量，要做到求同存异。要学会发自内心的微笑，要习惯于积极主动与人交往。不要抱怨麻烦总是落在自己头上，要用一种感恩的心来感谢老天的恩赐，它赐给了我们增强经验和智慧的能力，生活必将因此更加丰富、更加有意义，认可并学会"助人为乐"。心理学研究表明，一个人在帮助他人的过程中，能够体会到满足感、成就感，可以从一定程度上实现自我价值。助人的心态也有助于人们对抗自私、斤斤计较等不良情绪。要学会正视现实，坦然面对生活中的所有挑战和不如意。这种积极的生活态度是必须的，因为一味回避只会加重心理负担，使得情绪更为紧张，不可取。我们要认识到现代社会的高效必然会带来高竞争性和高挑战性，坦然地接受来自社会各方面的压力。只有这样，才能塑造起一个强大的自我，理直气壮地面对生活。

### 学会享受生活，努力让自己快乐

缓解焦虑的一种有效的方法是追寻快乐。一段美妙的音乐、一顿丰盛的晚餐、一次倾心的交谈、一个成功的创新、一次浪漫的远游等，都可以使人感受到一种发自内心的愉悦和满足，让人充满幸福感。

总之，要想化解焦虑，享受生活，寻找快乐，我们可以从生活中的每一个细节做起，通过自我心态的改变和调整，让焦虑彻底离我们而去。

行之有效的缓压方法

选择一个适合你的工作环境愉快劳动

## 铁路乘务人员抑郁情绪的调适策略

每个人都会有抑郁的情绪，这是很常见的。当人们遇到生活挫折、精神压力、天灾人祸、生老病死等情况时，就会产生抑郁情绪。

抑郁情绪是指心境低沉、闷闷不乐、心情不愉快等情绪。一般来说，正常人的抑郁情绪是基于一定的客观事物，事出有因。通常表现为正面情绪和负面情绪。无论是正面还是负面情绪，人的喜怒哀乐都是正常的，但是，抑郁情绪并不代表一定就患有抑郁症。

抑郁症是一种常见的精神疾病，主要表现为情绪低落，兴趣减低，悲观，思维迟缓，缺乏主动性，自责自罪，饮食、睡眠差，担心自己患有各种疾病，感到全身多处不适，严重者可出现自杀念头和行为。

抑郁症发病率很高，几乎每 7 个成年人中就有 1 个抑郁症患者，因此它被称为精神病学中的“感冒”。目前，抑郁症已成为全球疾病中给人类造成严重负担的第二重要疾病，对患者及其家属造成的痛苦，对社会造成的损失都是非常大的。所以，必须及早发现，及早治疗，免除患者痛苦。具体来说，抑郁症的症状主要有五大方面。

### 情绪障碍

患者心境不良，情绪消沉，或焦虑、烦躁、坐立不安；对日常活动丧失兴趣，丧失愉快感，整日愁眉苦脸，忧心忡忡。

### 思维缓慢及自我评价降低

表现为思考能力下降，患者常常感到思维变慢了，脑子不好使了，各方面能力都下降了，常常自疚自责，自我评价过低。

### 精神运动迟缓

患者精神运动明显抑制，联想困难，言语减少，语音低沉，行动缓慢。

### 其他症状

患者常常出现食欲、性欲明显减退，明显消瘦，体重减轻；失眠严重，多数入睡困难，做恶梦易醒，早醒，醒后无法入睡，抑郁症常表现晨重夜轻的规律。

### 伴随症状

情绪反应不仅表现在心境上并伴有机体的某些变化，如口干、便秘、消化不良、胃肠功能减弱，或全身不定部位的疼痛，有时因躯体症状突出而掩盖了抑郁症状，造成一时误诊。

抑郁症虽然很顽固，但是如果施以正确的治疗方法，也是可以治愈的。一般来说，只有对症下药，才能药到病除，治疗抑郁症要根据其轻重程度，不同的病症采用不同的治疗方

行之有效的缓压方法

限制饮食中的咖啡因含量

法，这样才能帮助患者摆脱疾病的折磨。抑郁症的治疗方法如下。

### 心理疗法

心理疗法是精神抑郁症治疗方法中十分重要的一种。轻度抑郁症可以不用药物治疗，仅仅依靠心理疗法，而中重度抑郁症治疗在采用抗抑郁剂控制病情的同时，心理医生一般也会辅助实施心理疗法配合治疗。通过运用各种心理学的方法，如：精神分析疗法，认知疗法，心灵重塑疗法，暗示疗法等，引导病人进行认知的改变与心灵的重建，化解不良认知使他们产生的悲观与失望情绪，唤起病人对自己积极的信念，这个过程是在心理咨询师带领下病人对自身心灵探索的旅程，是任何药物替代不了的。

心理治疗抑郁症可以通过几种途径帮助人们从抑郁中恢复，这些途径包括认知上的、动作上的、人际间的、心理动力的和其他种类的“谈话疗法”。心理疗法提供给人们机会来辨别导致他们产生抑郁症的原因，并且针对心理、行为、人际和环境的因素进行有效的处理。

### 抗抑郁剂治疗

目前对中度以上精神抑郁症治疗方法，心理医生主张以抗抑郁药物治疗为首选。医生可能会根据患者正在服用的药物及可能出现的副作用来选择药物。如果患者以前患过抑郁症，医生通常建议患者服用与以前相同的药物，如果患者家族有抑郁史，医生的选择可能是对患者的家人起作用的药物。

### 食疗

全谷多纤维食物。每餐吃点全谷食物、糙米及多纤维食物等复合碳水化合物，有助于增强饱腹感，防止暴躁易怒情绪。而白面包、通心粉和精加工面粉制作的食物不易令人维持好心情，易导致肥胖。

蓝莓。蓝莓多纤维且低热量，富含多种抗氧化剂和维生素C，有助于缓解压力。常吃蓝莓有助于减少自由基对大脑的损伤，改善和保护记忆力。

扁豆。扁豆等豆类食物富含B族维生素和叶酸，可改善情绪和大脑神经功能。哈佛大学一项研究发现，38%的抑郁症女性存在叶酸不足问题。

### 建立可靠的人际关系

当不利的事情发生，如果身边有一个完全可以信赖的人，无论是亲戚还是朋友，都是防止抑郁症发生的保证之一。如果你还没有一个可以这样依靠的人，你就应该想办法建立这样的人际关系。

行之有效的缓压方法

不要事事要求完美

## 铁路乘务人员强迫情绪的调适策略

强迫情绪和强迫症是不同的。一般来说，强迫情绪是强迫症在情绪上的一种表现形式，具体表现主要是强迫性恐惧。这种恐惧是对自己的情绪会失去控制的恐惧，如害怕自己会发疯，会作出违反法律或社会规范甚至伤天害理的事，而不是像恐怖症患者那样对特殊物体、处境等的恐惧。常见的强迫情绪主要有强迫联想、强迫回忆、强迫疑虑、强迫性穷思竭虑和强迫对立思维。

强迫症属于焦虑症的一种，患有此病的人总是被一种强迫思维所困扰，在生活中，患者会反复出现强迫观念及强迫行为。患者的自知力完好，知道这样是没有必要的，但就是无法摆脱，总是不由自主地出现强迫行为，他们感到很痛苦，却无法摆脱。强迫症的症状如下：

经常对病菌和各种疾病敏感，并毫无必要的担心；

经常反复洗手而且洗手的时间很长，超过正常的需要；

有时会毫无原因地重复相同的话语好几次；

觉得自己穿衣、清洗、吃饭、走路时要遵循特殊的顺序；

经常没有必要地反复做某些事情，例如检查门窗、开关、煤气、钱物、文件、表格和信件等；

对自己做的大多数事情都要产生怀疑；

经常不自觉地去想一些不愉快的回忆或想法，使人不能摆脱；

经常认为自己细小的差错就会引起灾难性的后果；

时常无原因地担心自己患了某种疾病；

在某些场合，很害怕做出尴尬的事；

当看到刀、匕首和其他尖锐物品时会感到心烦意乱；

为要完全记住一些不重要的事情而困扰；

有时会毫无原因地破坏某些物品，或伤害他人；

强迫症患者在某些场合，即使当时生病了，也想暴食一顿；

当听到自杀，犯罪或生病这类事情时，会心烦意乱很长时间，很难不去想它；

有洁癖、幻想症、电邮综合征等表现；

时常无原因地计数或多次吟唱某一段歌曲；

当脑子里出现听到或看到某一观念或某一句话，便不由自主地联想起另一个观念或词句。

目前，强迫症已经成为一种常见的精神疾病，国外流行病学统计患病者在2%～3%，发病的平均年龄范围是22～36岁，35岁以上发病者只占15%。很多强迫症自杀也成了社会普遍的现象。与此同时，强迫症的治疗方法也相继产生。强迫症的治疗方法如下。

## 行之有效的缓压方法

每次只集中精力做一件事

### 制想法

制想法是用震惊术打断强迫观念、强迫情绪和强迫意向的自控方式。例如用一个定时闹钟，让它每3分钟响一次，钟响时大声说“停”予以驱除。多次做到后，便依次改用正常声音、微弱声音直至仅在内心说“停”来驱除强迫观念等强迫症状。

### 行为治疗法

行为中止法是用毅力强行中止强迫行为的自控方式，当强迫行为出现时，心里就默念：“毫无必要，我有毅力控制它”，然后用顽强的意志强行中止强迫行为，由此来抵抗强迫症。

### 替代法

替代法是用不相容的观念、意向和行为，去取代强迫观念、意向和行为的自控方式，在出现强迫症状时，立即去回忆或设想有趣的情景，或者立即去从事需要高度集中注意力的各项活动，从而使强迫症状自行消除。

### 心理动力学治疗

心理动力学治疗强调通过顿悟、改变情绪经验及强化自我的方法，分析和解释各种心理现象之间的矛盾冲突，以达到治疗的目的。

## 铁路乘务人员恐惧情绪的调适策略

恐惧情绪是一种人类遇到周围不可预料、不可确定的因素时，无所适从的生理或心理的一种强烈反应。从心理学的角度讲，恐惧情绪往往与社会交往关系紧密，人们总是担心自己在人群中突发状况，或担心自己被别人看不起等。而当事件结束以后，我们就有可能长期处于这种恐惧的环境中无法自拔，最终就有可能形成恐惧症。

所谓恐惧症，是对某种物体或某种环境的一种无理性的、不适当的恐惧感。一旦面对这种物体或环境时，恐惧症患者就会产生一种极端的恐怖感，以致会千方百计地躲避这种环境，因为他害怕自己无法逃脱。诱发恐惧症的病因不是单一性的。一般认为，有生物学上的因素，即遗传性的性格脆弱，天生紧张而显神经质，这类人最易产生恐惧感。其次，无能力解决自身承受的精神压力也是促成恐惧症发病的一种因素。

恐惧症是焦虑障碍的一个重要类型。其主要症状如下：

害怕上公共卫生间；

害怕在别人注视下进餐（24.7%）；

害怕在大众面前讲话或做其他事情（57.0%）；

害怕在别人注视下写作；

害怕和异性交谈（42.1%）；

害怕被介绍给陌生人。

行之有效的缓压方法

准备好备用钥匙

患病的后果:焦躁不安、精神萎靡不振、酗酒、过量吸烟、一天到晚待在家里、对于外界环境冷漠。2/3 的病人是独身、离婚或丧偶,1/2 的病人未能高中毕业,1/5 的病人接受救济,70%的病人生活在低社会经济状态。由于该障碍持续存在,并且很少自然缓解,加上就诊率低,使以上后果更为严重。为了避免发生更严重的后果,在疾病发生之后,就应立即采取治疗手段。恐惧症的治疗方法如下。

### 恐惧症的自我防治

从心理上去掉自卑感。人如果经常带着消极的心理,就会使自己不愿意说话。金无足赤,人无完人,在社会交往中,我们要多想一想自己的长处和优势,树立自强、自信、自立的精神和心态,只有这样才能在心理上战胜消极,在为人处世时,才能表现得落落大方。

从心理上去除"怕"字。社交活动只不过是社会中人与人的交往与应酬。担心自己表现不好,过分注意在社交中的言行举止是多余的,该怎样就怎样,表现自然是最好的,时间长了,就会习惯,不再害怕了。

### 催眠疗法

由精神分析师对患者进行催眠，挖掘患者心灵或记忆深处的东西，看患者是否经历过某种窘迫的事件，试图寻找发病的根源。当然，这种疗法时间长，花费比较大。

### 强迫疗法

医生让患者站在车水马龙的大街上，或者让患者站在自己很惧怕的异性面前，利用巨大的心理刺激对其进行强迫治疗，效果显著。

### 情景治疗

把患者放在一个假想的空间里，不断地模拟发生社交恐惧症的场景，不断练习重复发生症状的情节，精神分析师会不断地鼓励患者面对这种场面，让患者从假想中适应这种产生焦虑紧张的环境。

### 认知疗法

医生通过不断向患者灌输观念的治疗方法，让患者认识到这种恐惧是非正常的，从而使患者正确认识人与人交往的程序，以及与人交往的一些方法，等等。

### 采用芳香疗法

芳香疗法是指采用中医的传统诊疗与芳香疗法相结合进行治疗的一种方法。现代相关研究证明芳香疗法对心理状态的调整是很好的，因为药物的服用有着很多的毒副作用，而芳香类的植物气息在睡眠中使用，温馨、舒适、长久作用，患者容易对其产生较好的依从性。

中医辨证施治恐惧症。中医把恐惧症谓之："恐证"。中医

行之有效的缓压方法

冬天洗个热水澡，夏天洗个冷水澡

认为恐惧症多因七情所伤，损及肝肾心胆所致。恐惧症以虚证居多，乃精血不足之症，非阳气有余之候。主要病变部位在肝、肾、心、胆。

中医针灸辨症施治恐惧症的方法如下。

### 脾肾阳虚型

症见精神萎靡，情结低沉，嗜卧少动，心烦惊恐，心悸失眠，面色晃白，阳痿遗精，妇女滞下清稀，舌质胖或边有齿痕，苔白，脉沉细。治宜：温肾暖脾。

穴用：肾俞、命门、关元、脾俞、太溪、三阴交。

药用：炮附子、熟地、山萸肉、山药、茯苓、牡丹皮、泽泻、人参、炮姜、炙甘草等。

### 肾精不足型恐惧症

症见腰膝酸软，精神不振，心慌善恐，遗精溢汗，失眠虚烦，面部烘热，舌红少苔，脉细驹。治宜：补肾益精，滋阴降火。

穴用：太溪、三阴交、肾俞。

药用：熟地、山药、山萸肉、泽演、茯神、牡丹皮、远志、枸杞子、知母、黄柏等。

### 心脾两虚型

症见失眠健忘，心悸易惊，善悲易哭，兴趣缺乏，倦怠乏力，面色淡白或萎黄，食少腹胀便溏，舌淡苔白，脉细弱。治宜：健脾养心，益气补血。

穴用：心俞、脾俞、三阴交、神门、气海。

药用：人参、白术、黄芪、甘草、远志、酸枣仁、茯神、龙眼肉、木香等。

总之，中医对恐惧症讲究的是辨症施治，患者可根据恐惧类型和症状表现选择正确的治疗方案，坚持服用静神宁恐剂，方能早日摆脱疾病折磨。

## 铁路乘务人员自闭情绪的调适策略

应该说自闭症一直就有，只不过是最近几年才被人们正视为一个病种，而且发病率越来越高。发病率的增高更多是因为诊断方法的完善和大众相关意识的普及。如果人们对自闭症有正确的认识和了解，及时治疗，也会减少自闭症的发病率。要想使自闭症得到及时治疗，就要了解自闭症的症状，主要有以下几种。

### 社交发展方面

对外界事物不感兴趣，忽视别人的存在；与人缺乏目光接触，未能主动与人交往、分享或参与活动；在群处方面，模仿力较弱，没有掌握社交技巧，缺乏合作性；想象力较弱，极少通过玩具进行象征性的游戏活动。

行之有效的缓压方法

学会说"不"。对没时间参加的活动说不

沟通方面

语言发展迟缓和有障碍，说话内容、速度及音调异常；对语言理解和非语言沟通有不同程度的困难；可能欠缺口语沟通的能力。

行为方面

在日常生活中，坚持某些行事方式和程序，拒绝改变习惯和常规，并且不断重复一些动作；兴趣狭窄，会极度专注于某些物件，或对物件的某些部分或某些特定形状的物体特别感兴趣。

从自闭症的发病症状来看，自闭症对人的影响很大，需要及早发现并选择合理正确的治疗方法，才能够将其治愈，在自闭症的治疗方法中，下面几种是比较常见而且有效的治疗方法。

西医治疗

近年来，试用传统的或新型的抗精神病药物等进行生物医学干预，效果仍待进一步提高，尤其是副作用很大，这点一直为大家所诟病。若患者伴随的精神神经症状明显，或威胁到自身或者他人安全或严重干扰患者接受教育和训练，影响日常生活，可使用以下药物对症治疗。

利培酮。2006年获得美国食品药品管理局批准治疗5～16岁孤独症。药物能改善患者发脾气等易激惹症状、自伤和攻击行为。开药剂量0.25～0.5 mg/次，每日2次，以后根据病情调整剂量，剂量范围0.5～6 mg/日。常见镇静和锥体外系副作用。

中枢兴奋药物。适用于合并注意缺陷和多动症状患者。常用药物哌醋甲酯或苯异妥因。

抗癫痫药物。丙戊酸盐、卡马西平、硝西泮用于合并癫痫发作者。

### 中医治疗

主要治疗方案有经络穴位按摩、针灸、中药、膳食疗法等。有中医工作者和中医机构在正确辨症的基础上，拟定合理的穴位配方，结合丰富的按摩手法，开展了一种自闭症的穴位按摩治疗方法，收到了比较理想的治疗效果。也有中医工作者和中医院大力提倡中药治疗，取得了比较理想的效果。

## 铁路乘务人员孤独与枯燥情绪的调适策略

有调查显示，52.1%的机车司机认为单司机值乘时机车司机更易出现孤独感和寂寞感，而27.5%的机车司机不赞同。据了解，部分铁路局在机车上装置了录音和摄像监控装置，严格监督机车司机的作业过程，所以机车司机在作业中不能随意说话和动作；另外，提速后机车司机独自长时间作业等带来了孤独感和寂寞感，从而对机车司机带来的心理冲击值得关注。工作环境的一成不变，工作内容的简单重复，都会引发乘务人员心理

**行之有效的缓压方法**

力求理解而非要求被理解，努力爱人而非只想被爱

枯燥。

对于工作负荷大的乘务人员，合理安排闲余时间有利于缓解孤独与枯燥情况。

一般来说，孤独情绪的产生与大量余暇时间不知道要做什么是分不开的。我们要合理安排闲余时间，让生活变得丰富多彩起来，孤独和枯燥自然会离我们远去。

合理安排闲余时间，我们不妨从以下几点做起。

### 如果有闲余时间，多提高工作技能

在这个瞬息万变的时代，我们会感到多年的经验一夜之间忽然变得一文不值，在工作中的优势越来越弱，自身价值得到充分体现的可能也越来越小。心理的巨大落差伴随着的就是种种压力、焦虑等心理困扰。

这种状况固然是因为社会在日新月异地发展，知识和技能在不断更新。但是我们也不能坐视，与其在闲余时间备受孤独的困扰，不如给自己充充电，提高一下工作技能。要知道，现代职场中，有这样一条规则：人在职场，如逆水行舟，不进则退。当前社会中，很可能会有一些文凭比你高、专业知识比你丰富的人

加入到你这个行业，成为你的挑战者。不要等到那时候临时抱佛脚，在巨大的心理压力和紧迫感中虐待自己。从现在做起，利用自己的闲余时间，不断为自己充电。

这样做也可以让你不再孤独。因为有事可做的你，自然会感到满足、充实，孤独没有时间降临。

### 培养一种新的兴趣或爱好

生活有的时候真的会觉得很累，很孤独。培养自己的一些兴趣爱好，既可以缓解低落的情绪，也能打发时间，让自己不再感觉孤独，何乐不为呢？

生活中有许多活动是充满乐趣的，只要我们能够以一种享受生活的心态去发现，就可能领略它们的美妙之处。如此一来，孤独、烦闷时，给自己安排一些感兴趣的事情，读读书、听听音乐，或者从事自己的业余爱好等，都能让自己高兴起来。每个人都会有孤独的时候，在属于自己的时间里满足自己的兴趣爱好，乃是人生的一大乐趣。

### 看书是排除孤独与枯燥的良方

张学良将军晚年被囚禁时，用三件事情来排遣寂寞，其中一件事情就是读书，他寄情于研究明史，在文字之间忘却孤独。由此我们可以看到，想要有效排除孤独和枯燥，看书是一剂良方。

面对单调乏味、一成不变的工作或者生活环境，面对孤独无依的心理困扰，不妨拿起书，静下心来读上两三页。读书，可以让人忘忧，同时，也是排除孤独和枯燥的良方。

### 玩游戏可以排除孤独与枯燥

孤独和枯燥时，我们不妨试试玩游戏。

## 行之有效的缓压方法

除了食物、水、衣服，其他的都别太在意

不要总把玩游戏当成一种有害的娱乐方式。其实，对于消磨时间，排解孤独和枯燥来说，这种方式还是非常有效的。

游戏通常都会充满趣味性、可操作性，在一个现实中并不存在的虚拟环境里，你会感受到一种全新的体验，这对于丰富生活、愉悦心情来说，非常有益。

有些游戏，还可以被当成一种发泄方式，通过投入游戏中，达到一种“忘忧”的效果，在游戏中，你可以肆无忌惮地把生活和工作中的不顺心都宣泄出来，可以找人倾诉，或者打怪兽发泄。

游戏中，我们也可以交到一些朋友，收获一些真挚的友情，对于排解孤独和枯燥的生活非常有效。

所以说，适当地玩游戏可以让我们开心体验生活，有效排解孤独和枯燥。但是注意，一定不要沉迷于游戏，网络成瘾尤其是游戏成瘾同样是一种心理疾病，我们应当慎重对待。

## 铁路乘务人员性格的调适策略

性格是人稳定的个性心理特征。一方面，性格是在长期的生活实践中塑造出来的，已经形成且比较稳固，正所谓江山易改，本性难移；另一方面，这种稳定的对现实的态度和行为方式贯穿在人的全部行为活动中，在类似的情境甚至在不同情境中都会表现出来。性格主要体现在对自己、对他人、对事物的态度和所采取的言行上。在压力的影响因素中性格是一个重要的因素，因为性格在某种程度上决定了个体看待压力的方法和应对压力的方式。

每个人都有自己的性格，也有自己的人格。在人的一生中，性格与人格犹如车的“方向盘”，至关重要，它掌握着人们前进的方向。

人格，是指人的个性、品格、气质等待人接物方面的特征。《现代汉语词典》给出三层含义：“人格”一词在生活中有多种含义。有道德上的人格，它指一个人的品德和操守；有法律意义上的人格，它指享有法律地位的人；有文学意义上的人格，它指人物心理的独特性和典型性。在心理学上，由于心理学家各自的研究方向不同，对人格的看法也有很大差异。一般认为，人格是构成一个人的思想、情感及行为的特有统合模式，这个独特模式包含了一个人区别于他人的，稳定而统一的心理品质。一个人的性格、气质、能力等特征的总和，在心理学上，即“个性”。一个人的道德品质，比如说卑下、高尚的人格。一个人的尊严与权利。

人格主要有以下几方面的特征。

整体性。人具有多种心理成分和特质，如才智、情绪、愿望、价值观和习惯等，但它们并不是孤立存在的，而是密切联系并整合成为一个有机组织。一个人的行为不仅是某个特定部分运作的结果，而且还是与其他部分紧密联系、协调一致进行活动的结果。

稳定性。人格的稳定性表现为两个方面：一是人格的跨时间的持续性。在人生的不同时期，人格持续性首先表现为自我的持久性。二是人格的跨情境一致性。所谓人格特征是指一个人经常表现出来的稳定的心理与行为特征，那些暂时的行为则不属于人格特征。例如，一个外向的学生不仅在学校里善于交往，喜欢结识朋友，在校外也喜欢交际，喜欢聚会，虽然他偶尔也会表现出安静，与他人保持一定距离。

独特性。人格的独特性，是指人与人之间的心理与行为是各不相同的。由于人格结构组合的多样性，使每个人的人格都有自己的特点。在日常生活中，我们随时随地都可以观察到：每个人的行动都异于他人，每个人都各有其需要、爱好、认知方式、情绪、意志和价值观。

社会性。人格是社会的人所特有的，是在个体的遗传和生物基础上形成的，受个体生物特性的制约。从这个意义上也可以说，人格是个体的自然性和社会性的综合体，其实，即使是人的生物性需要和本能，也是受人的社会性制约的。例如，人满足食物需要的内容和方式是受具体的社会历史条件制约的。

简单理解，每个人都有自己的人格，没有人格就不能称之为人，就不是人。但每个人的人格又都是不同的。因此，人格也称个性，主要是指人所具有的与他人相区别的独特而稳定的思维方式和行为风格。包括人格特征和人格倾向性，其中人格特征又包括能力、气质、人格，人格倾向性包括：兴趣、动机、价值观等。

而性格则不同，性格是指对人、对事的态度和行为方式上所表现出来的心理特点，比如：开朗、乐观、刚强、懦弱、粗暴，等等。它是一种比较稳定的、具有核心意义的个性心理特征，是一种与社会相关最密切的人格特征，在性格中包含有许多社会道德含义。性格主要体现在对自己、对别人、对事物的态度和所采取的言行上，表现出人们对现实和周围世界的态度。

可以说，性格是由多成分、多侧面的性格特征组合成的统一体，性格特征有以下四方面。

### 态度特征

此特征主要体现在一个人对社会、集体、他人以及自己、工作等方面的态度上。例如：谦虚、自满、自信、自负、自豪、骄傲、同情、羞怯，等等。

### 意志特征

此特征是指人对自己行为自觉的调整方式和水平方面的性格特征。自觉性主要是指行为目的是否明确，在工作的时候是否有计划，是积极主动还是消极被动，等等。

自制性看自己是否有自制力，自我控制的水平特征。

**行之有效的缓压方法**

多和乐观的人在一起，和天天自寻烦恼的人在一起只能让你和他一样

果断性在紧急事情面前是优柔寡断还是果断抉择。

坚持性是指在工作和学习过程中，能够做到坚持到底，持之以恒，保持严谨的态度，而不是虎头蛇尾，见异思迁。

### 情绪特征

强度特征。此特征是指人受情绪影响的程度和受意志控制的程度。例如，在同一件事情上，有的人反应过于激烈，而有的人，则表现得很平静。

稳定性特征。主要是指情绪的起伏波动的程度。有的人喜怒无常，时好时坏，例如，一件看起来非常无所谓的小事也会让他怒火冲天，然后没过多久，又变得和颜悦色。

持久性特征。此特征指个人受情绪影响的时间长短的程度。例如，面对同样令人感到悲伤的事情，有的人就会悲伤很久，而有的人只会在当时非常难过，事后很快就会恢复平静，不会持久地沉浸在悲伤之中。

主导心境特征。主要是指不同的主导心境在一个人身上表现的稳定程度。其表现形式有很多种，比如：有的人经常忧伤，而有的人经常快乐，等等。

### 理智特征

是指人在感知、记忆、想象和思维等认识过程中所表现出来的个人稳定的品质和特征。

人的性格和人一样是与生俱来的，没有十全十美。性格因人而异，各有长处与短处。人的性格决定了这个人适应在这个方面做事，而不适合在那个领域发展。正所谓“江山易改，本性难移”。也就是说性格是不容易改变的。应该说，性格本身没有正确与错误之分，一个没有性格的人是不能称之为一个合格的人的。但是，人若是一味地去弥补性格上的缺失，而忽略了其他的东西，这样的人只会让自己变得平庸；只有懂得发挥自己性格优点的人，才可以让自己变得出类拔萃，与众不同。

好性格受益一生，铁路乘务人员担负着为人民服务这一伟大事业，所以，具有好性格至关重要。

### 优化个人心理素质

保持正确的心态，让自己的胸怀变得豁达宽广，以此来增大对别人的信任度并排除不良心理，正确处理人际关系。

### 理性思考，不无端猜疑

当发现自己起了疑心时，不要朝着有利于猜疑的方向思考，而应理性地进行思考，问自己为什么要这样想？这样做正确吗？如果怀疑错了怎么办？像这样，在做出决定前，多问自己几个为什么，对冷静思索问题是非常有利的。

### 摆脱思维方法的束缚

疑心的人一般总是从一个假想目标开始，最后又回到假想

行之有效的缓压方法

不想别人打扰的时候，关掉手机

目标。因此，只有摆脱错误思维的束缚，走出先入为主的死胡同，才能使疑心在得不到自我证实和不能自圆其说的情况下自行消失。

增强自我调整能力

一个人在社会上生活，每天都会遇到不同的人和不同的事，这就难免遭到别人的议论和流言。如果总是猜疑别人对自己的看法，这个大可不必，就像但丁说的："走自己的路，让别人说去吧。"要善于调整自己的心情，让自己不受外界的干扰，不要在意他人的议论，想怎样做就怎样做，这样解脱了自己，会减轻你的疑心。

加强交流，解除疑惑

人与人之间之所以会产生猜疑，来源于相互的误解，如果真是这种情况的话，就应该通过适当的方式敞开心胸进行一次交流。通过谈心，不仅可以使各自的想法为对方了解，消除误会，而且还避免了因误解而产生的冲突，也许又能和好如初，或者由普通朋友变成好朋友。

## 铁路乘务人员人际关系的调适策略

在全球导致劳动力丧失的10个原因中，有5个属于心理问题。人际关系困难是其中之一。建立好的人际关系是艺术，也是能力，需要我们不断地探索，认识自己，认识别人，学习互相交往才能够实现。

著名心理学家丁瓒有一句名言："所有心理问题归根到底都是人际关系的问题。"可见，人际关系很重要。在以人为本的人力资源管理体系中，人际交往是重要的一环。我国铁路运输企业中的人际交往主要指个体与领导、同事之间的关系。干群关系是企业中最重要的人际交往类型，良好的干群关系可以营造融洽、和谐和稳定的组织气氛，促进工作效能的提高。Alderfer的ERG理论、马斯洛的需要层次理论都认为个体有与他人接触和交往的需要，良好的人际交往在很大程度上影响着个体的工作满意度和工作绩效。工作中的人际交往是决定工作满意度的重要因素。

由于铁路乘务人员的流动工作环境与工作性质，他们的人际交往范围与关系相对特殊，企业有必要对铁路乘务人员的人际交往与满意度之间的关系做进一步的考察。

伴随着经济和技术的快速发展，铁路乘务人员在家庭和工作两个领域角色的转换过程中会出现相互冲突的情况，因此工作与家庭冲突问题的研究越来越得到广大学者的重视。作为人际关系的一种，工作与家庭冲突作为一种压力来源，会带来很多消极的影响，尤其是对于有子女的铁路乘务人员会造成诸多生

**行之有效的缓压方法**

如果想在家里找安静，那就带上耳塞吧

理心理上的不适症状、工作效率低下、态度倦怠、缺勤和离职、士气受挫、生活质量以及精神健康水平下降等。对于大多数的铁路乘务人员来说，工作的流动性较大，与家庭成员聚会和在一起的生活时间相对较少，会对他们的家庭生活产生一定的影响，造成一定的工作与家庭冲突。

一个人要在社会中生存，就离不开人际关系。而我们每天都要与人接触，处理各种各样的人际关系，这些问题直接影响着我们的工作和生活，也影响着我们的心情和感受。只有处理好各种人际关系，我们才能更好地工作，在工作中得到快乐和满足。具体来说，影响个体人际关系的因素有哪些呢？

### 个人品质

在人际交往伴随的种种心理因素中，其中有些因素会对人际交往起到积极促进作用，例如正确地认知自我和他人、开朗乐观的性格、宽容大度的胸怀、真挚友好的情感等；有些因素则会阻碍人际交往，比如虚伪、嫉妒、狭隘、多疑、孤僻心理，等等。

由此可以看出，在人际交往过程中，个人的吸引力总是从外表特征逐渐转向内在属性。好的个人品质可以促进人际关系的和谐发展，而不好的个人品质则会成为人际关系的障碍。因此，我们必须塑造良好的个人品质，以求赢得他人的喜爱，这样才能和同事之间建立和谐而融洽的关系，快乐工作。

### 时间因素

在人际交往中，时间因素是指交往的机会、频率。对于员工来说，这个因素主要影响的是同事之间的关系。在单位中，虽然空间距离不大，但“鸡犬之声相闻，老死不相往来”，也难形成良好的人际关系。

人际交往是建立人际关系的基础。一般来说，交往的频率越高，越容易相互理解，形成共同语言、态度、兴趣、经验和感受，有利于良好人际关系的建立；而交往次数少，相互缺少了解，就会产生冷落感，导致感情疏远，很难建立良好的人际关系。因此，应该加强和同事之间的交往，在交往中彼此了解，相互熟悉，进而相互帮助，建立友谊，最终形成良好的人际关系。但是有一点需注意，交往要掌握一个度，频率不要过于频繁，这样可能破坏对方的工作和生活，引起对方的反感，适得其反。

### 空间因素

空间因素是指交往双方物理距离的远近。心理学研究表明，人与人之间位置上越接近，越容易形成彼此之间的密切关系。因为空间距离接近，使双方相互交往、相互接触的机会更多，彼此之间容易熟悉，如邻居、同事、合作伙伴等。每天低头不见抬头见，自然在工作和生活中相互关心和帮助就多，就容易形

行之有效的缓压方法

好记性不如烂笔头，有什么事都记下来

成良好的人际关系。人们常说的“远亲不如近邻，近邻不如对门”，说的就是人与人之间在地理位置上越接近，越容易建立良好的人际关系。

如果彼此间的空间距离较远，很长一段时间都不能碰面，很少有语言和思想的交流与碰撞，即使是很好的朋友也会由熟悉变得陌生，所以人们常说：“三年不上门，是亲也不亲。”所以，要想建立和谐的人际关系，就要缩短彼此的空间距离，和亲朋好友之间经常互相走动。虽然多数员工的工作时间不是很固定，工作比较忙，但是也要抽出一定的时间陪自己的亲人和朋友，以此来巩固彼此间的感情。

仪表风度

所谓仪表风度，是我们通常所说的外表、长相、气质等。尤其是初次与人交往或在大众社交场合下，一个人的外表，即“第一印象”，往往起着至关重要的作用，它直接影响着人际间相互关系的建立与进一步发展。也就是说，如果你能给他人留下良好的第一印象，他人就会认为你有良好的品质、特征，就会被你吸引。

社会心理学的研究表明，人的美丽外表会引发明显的晕轮效应，使人们在心理上对美貌的人的其他方面也能作出更为积极的评价。对此，美国学者艾伯特·梅拉比安等提出“7/38/55”定律：信息的全部表达＝7％的语调＋38％的声音＋55％的外表，即人与人之间的沟通交往取决于视觉、声音和语言三要素。在三者之中，人们对一个人的看法，视觉因素，也就是外表，比例高达55％；而声音部分，包括辅助表达的口气等，只有38％；至于语言，即谈话的内容，只有7％。由此表明，人的外在吸引力的确是影响人与人之间交往的重要因素。

### 互补因素

互补性因素，是指在交往过程中，交往双方互相获得满足的心理状态。当双方的需要以及对对方的期望正好形成互补关系时，就会产生强烈的吸引力，有利于建立良好的人际关系。研究表明，当涉及人际吸引中最关键因素或社会角色相互对应时，互补就成了影响人际吸引的主要因素。互补还有一种情况，即他人的某一特点满足了个人的理想，从而增加了他对这个人喜欢的程度，这样也会促使彼此建立人际关系，互相满足。

作为一名乘务员，每天都会接触很多乘客，他们来自不同的地区，甚至是不同的国家，男女老少，高矮胖瘦，什么样的都有，什么脾气的都有。在列车上，遇到一些刁蛮不讲理的乘客是常事儿，有时候，他们会为一点小事故意刁难乘务员，让乘务员不知道如何是好，与他们如何相处，暂时在车厢中的人际关系如何处理呢？

换个角度来说，在服务过程中遇到这样的乘客也不是什么

## 行之有效的缓压方法

为别人做些什么，被别人需要是幸福的事

坏事，只要找到方法，妥善处理，还可以提高自己处理应急事件的能力。对待故意刁难的乘客，还是有很多应对办法的，只要乘务员用好这些办法，就会减少很多不必要的麻烦。一般来说，在面对乘客的刁难时，主要有以下几种应对办法。

### 多用礼貌用语

俗话说，礼貌不用花钱，却能赢得一切。即使面对再刁难的乘客，我们也要保持微笑，语气和善，多用敬语，比如：您好、希望您可以体谅、谢谢您的支持、对不起让您受损失了……通过使用这些礼貌用语，大多数乘客都会觉得自己得理不饶人或者无理辩三分有些过分了，进而不好意思再和我们继续纠缠下去。

### 运用礼仪手势

正确的礼仪手势不仅是一个优秀而合格的乘务员的必备素质，也是应对刁难乘客的一个有效办法。在乘客故意刁难我们的时候，我们要尽量使用标准的礼仪手势，让乘客觉得我们很专业，我们对待工作的态度是非常认真的，这不是在做游戏，进而暗示他不要继续再蛮横不讲理。

### 要争取车上其他乘客的支持

只要我们的服务到位，讲道理，处处以乘客的利益为首位，以企业的形象为首位，就会有乘客站出来替我们说话。所以，我们对刁难自己的乘客是什么态度，乘客又是什么态度，大家都看在眼里，是非公正，让别人去说去评。这样既能显示我们的素养，又达到了事半功倍的效果，这也是服务的最高境界。

知识链接

## 男女两性应对压力的区别

男人和女人在面对压力时的反应完全不同，造成这种相互误解的原因是男人和女人之间的根本差异。一般来说，男人身处压力中时有三种征兆。认识到这些征兆是非常重要的，因为女人习惯把它们看成是针对她个人的，误以为事情比表面上看起来严重得多。当男性的压力征兆凸显时，女人通常会感觉不被喜爱，并且担心两性关系出问题。对这些征兆进行正确解释，有助于女人轻松面对这种情景，并更有技巧地支持伴侣处理压力，恢复心态平衡，下面依次说明。

男人的压力反应之一：退缩。男人面对压力的第一个反应是退缩，把自己和事态分离开来。在压力之下，男人倾向于否定内心感受和感情上的痛苦，并自动退缩。退缩的大体征兆是停止沟通。他不愿意说话。伴侣总以为他这样是对她有所不满，殊不知这只是男人应对压力的特殊方式。女人会误认为情况更糟糕——她以为他不再爱她了。女人这样想是可以理解的，因为对她来说退缩是累积愤怒的象征，是缺乏关爱、漠不关心的征兆。她自然不会想到男人身处压力时会漠然对待所爱的人。相反，压力越大，女人越关注所爱之人的幸福。相比之下，他的冷漠令她十分不解，也难以接受。

男人的压力反应之二：抱怨。任何想改变男人心情的尝试都可能会使他烦躁不安。如果他不能释放压力，事情只会变得更糟。他会变得满腹牢骚、性情古怪。任何想改变他的尝试、任何想让他做某些事的请求，都会遭到他的拒绝和抱怨。当男人身处压力时，他会变得高度专注。如果他一心只想完成任务，而你却要他去做与目标无关的事情，他自然会对此心生抗拒。而拒绝的征兆便是抱怨。面对男人的抱怨，女人应当记住另一点：请求他帮助之后，马上保持缄默。不要找理由为你的请求辩护，解释他为何“应该”做，或是该轮到他做，或者你已经做了20多次等。仅仅是请求他，然后沉默。这就是著名的“意味深长的停顿”，它包含着所有的可能性。

男性的压力反应之三：关闭自己。男人的关闭是一种不由自主的反应。女人不能正确理解这一点，因为如果她关闭自己，那是她自己选择的结果。当男人关闭自己时，她觉得男人是在不公平地惩罚她，在某种程度上控制她。事实上，当男人感觉痛苦情绪进入意识层面时，会本能地关闭自己。这是一种他无法控制的自身防御机制。当男人关闭自己时，他只是需要一些空间让自己静一静，女人却当成了拒绝的宣告。男人关闭自己时，女人可别自作主张地试图予以帮助。这时只需给他空间，理解他正默默地处理着他的痛苦和挫折；体会到他对自己的问题非常关注，想尽快解决它；相信他有能力解决他要处理的问题。不要打扰他。

女人的压力反应之一：心烦意乱。为了应对压力，女人会变得更加情绪化。当女人心烦意乱时，男人常会退缩，并与女人隔离开来，以免感到内疚和无能。他把她的不快乐、心烦意乱和无助看做自己的责任。他感到自己在某些方面没能满足她的要求，但是他不知道怎么把这些话说出口而又不失面子。其实，对男人来说，学会完全理解女人的心烦意乱是一个颇具价值的目标，但是，在他们还没有发展这种技巧之前，女人在心烦意乱时应当主要从女性朋友那里寻求支持。

女人的压力反应之二：反应过度。心烦意乱的结果是，女人不自觉地走向第二个压力反应。由于不断累积沮丧，她会对周遭环境反应过度。在不清楚自己沮丧缘由的情况下，她可能会把原因和结果混淆。当女人过度反应时，如果伴侣能够对她的压力和斗争给予一些理解和同情，而不是责备她，她将很快恢复到心平气和的状态。男人若想做到这一点，最有效的方式是拥抱。女人此时最需要抚慰和拥抱。拥抱也是男人表示爱与支持最有效的方式。

女人的压力反应之三：精疲力竭。在此之前，女人似乎还颇为坚强稳定，但通常突然间变得体力枯竭、毫无力量、悲观和暴躁。从某种角度来说，男人好像有一个心理测压器，当他收支不平衡时，它会自动发出警告：你需要休息一下，调节好自己的心理状态，不然会精疲力竭的。女人却没有这种装置。压力越大，她就会更加忽略自己的需要。女人避免精疲力竭的办法，是通过感觉被聆听和被支持。此时，如果男人能够耐心倾听她谈论那些鸡毛蒜皮的烦恼，就等于减轻她的负重，便是帮了她的大忙。即使这并不会让她的心情立刻好转，她也会感激不已，恢复起平衡来要比男人想象的快得多。

资料来源：《男人来自火星，女人来自金星》

# 第三部分
# 释放压力的解决方案

缓解压力的方法不是孤立和一成不变的，它因时、因地、因人而异，但它又有规律可循，那就是让身心彻底放松。情绪调节法、音乐减压法、运动减压法、放松训练减压法等，已被证明是行之有效的放松技巧。尝试各种不同的释放压力的方法，可以帮助我们找到一个适合自己并且可以经常使用的方法。使用放松技巧，将会改变人体的生理情况，减低新陈代谢，血压降低，心跳变慢，肌肉松弛，胆固醇减少，以及其他的生理反应等。

## 情绪调节法

在工作中，无处不在的压力令我们无法逃避。在承受压力时，我们往往会失眠、愤怒、恐惧或抑郁，各种疾病也接踵而至。铁路乘务人员工作特点是长期在一个环境复杂、条件恶劣、工作要求高、工作性质单一重复的条件下进行劳动，且劳动条件、生活环境、营养状况及精神文化生活等均有其特殊性，构成了一个特殊的职业人群。所以，企业很有必要帮助他们掌握一些简单易行的情绪调节方法，释放不良情绪，保持生理、心理健康。

在工作中，常见到有些人脾气急躁，为区区小事大动肝火；有些人则遇事沉着，冷静处理。也有些人碰上高兴的事激动不

行之有效的缓压方法

保证足够的睡眠，第二天精力充沛

已，甚至彻夜不眠，而碰上不如意的事则烦恼忧愁，悲观失望。常言道，人非草木，孰能无情。人们对待客观事物，总会表现出喜怒哀乐和或爱或恶或惧等感情。这种感情的表露，也就是通常所说的情绪。

情绪与健康有密切的关系。医学家和生理学家的调查研究表明，良好的情绪可以使您的生活得到幸福、愉快，健康长寿。长寿老人，都是在平静、温和、愉快的情绪中生活。相反，不良情绪则容易导致疾病。

据山西等地统计，食道癌患者中56%以上有忧虑、急躁的消极情绪。专家据此指出，不良情绪可能是癌细胞的促活因素。

据北京安定医院（精神病专科医院）调查，有悲观失望情绪的人，精神病和抑郁症患病率最高。

不少研究者指出，情绪易激动者，冠心病发病率比遇事冷静者要高6倍。很多心肌梗塞的患者，都是在情绪极度激动后发作的。

祖国传统医学认为："怒伤肝，喜伤心，思伤脾，忧伤肺，恐伤肾"现代医学也认为，情绪的剧烈波动，会扰乱大脑的功能，引起机体内生理机能失调和生物化学因素发生变化，如瞳孔缩小，血压升高，呼吸或急或慢，消化腺分泌受抑制，血液粘度和构成成分改变。这一系列的失常现象，很明显地会影响健康。

情绪的剧烈波动即使时间短促，但给人体带来的疾病，往往延续很长时间。如果不良情绪持续很久，还可能造成神经系统功能严重失调，导致神经官能症，甚至神经错乱。

因此，铁路乘务人员要善于用理智去控制情绪，注意调整自己的喜怒哀乐。很多学者和心理卫生学家提出了情绪控制建议。

1. 创造良好的生活环境。搞好人际关系和家庭关系，使生活充满欢乐和谐的气氛。

2. 培养良好的心理素质。妥善、恰当地处理各类事情。学习一点点心理卫生知识，纠正不科学的思想方法。

3. 可借物律己，转移注意力。当自己暴怒或非常气愤时，应设法转移注意力并离开现场，使情绪平静下来。也可以针对自己性格特点，借助于某一事物或某种联想，提醒自己和约束自己，如林则徐就针对自己易怒的特点，书写“制怒”条幅以自诫。这些办法常会收到一定的效果。

还可以进行情绪锻炼，调节自己的心情。健康包括躯体健康和心理健康。体育锻炼可以促使躯体健康，情绪锻炼可以促使心理健康。对铁路乘务人员来说，情绪锻炼比体育锻炼更为重要。

情绪可以归纳为两大类：一是愉快情绪，如快乐、好感、恬静、和悦等；二是不愉快情绪，如悲伤、焦虑、紧张、沮丧、忌妒等。无论是愉快或不愉快情绪，都应该控制在适度的范围内，

**行之有效的缓压方法**

整理好你的家和办公桌，不因为找不到东西影响心情

过激的情绪都是有害的。不愉快的情绪对人体的危害更大。80％的溃疡病患者有情绪压抑的病史，急躁易怒者易患高血压、冠心病；自卑、精神创伤、悲观失望者易患癌症；惊吓可以使哺乳的妇女乳汁枯竭。第二次世界大战时，列宁格勒被德军围困，城内苏联居民情绪紧张，患“围城高血压病”者甚多。生气也是不良情绪，中医认为“气为百病之首”，可见心理健康是何等重要！

情绪变化不单是主观感受，也是有客观的表现，如紧张、激动时体温增高；考场上的考生，绝大部分白细胞比平时增多1～1.5倍；胜利者的伤口，比失败者的伤口愈合得快。长寿者胡长兰德说“在一切不利的影响中，最能使人短命死亡的就是不良的情绪和恶劣的心境了。”

陶冶情操、培养兴趣，书法、绘画、弈棋、种花等，择其所好，修身养性；生活有乐趣，精神有寄托；遇事要量力而行。每人承受“压力”的能力不同，要有自知之明，适可而止，愤懑要克制，怨恨要消除，不必过分沉默，也不要满口斥责；苦楚要外露，向亲朋好友倾诉衷情，不流露痛苦，就要承担痛苦，把眼泪流出来好；要

学会休息，松弛情绪，最好不用镇静药和安眠药；要广交朋友，切记孤独会迎来病魔；体育锻炼与情绪锻炼相辅相成。一举两得。总之，激怒时要疏导、平静；过喜时要收敛、抑制；忧愁时易释放、自解；思虑时应分散、消遣；悲伤时要转移、娱乐；恐惧时寻求支持、帮助；惊慌时学镇定、沉着。林则徐的“制怒”条幅；农劲松的名言“处境不论顺逆得失，都随遇而安”，这都是值得借鉴的。

## 音乐减压法

音乐是一定频率的声波振动，携带有不同的物理能量，可以转移和化解人们的心理焦虑，产生愉悦的感觉。音乐还能通过神经内分泌系统，进一步对人体机能进行调节，比如促进血液循环，促进胃肠蠕动及唾液分泌，加强新陈代谢等作用，从而使人精力充沛。铁路乘务人员工余之时，用音乐减压是一种最好的放松方法。

音乐可以陶冶情操，抒发情感，对减压有着不可忽视的作用。

现代人的生活节奏越来越快，但是人的劳动能力是有限的，故应对劳动和休息进行合理安排。听听音乐可以使人更快消除疲劳。

音乐对神经系统有积极的调节作用，不同的乐曲对人体的作用不尽相同。所以要针对工作性质的不同和紧张程度，选择合适的音乐。例如，长时间脑力劳动后，听一听节奏明快、优美的轻音乐，能使你很快松弛下来；当你精神不振时，可以听听节

**行之有效的缓压方法**

提前15分钟到约会地点，提前一个小时赶到机场

奏感强、富有激情的音乐，以增强信心，如果刚进行了有强噪声的体力劳动，就不要立即去听打击乐；逢年过节，尽情娱乐时，应注意控制情绪，不要过于激动地长时间听节奏感强的音乐，以免听觉器官承受负担过重而引起疲劳。

每日3餐的用餐时间，以听轻音乐最为理想，使你产生一种愉快的气氛，这会使你大增食欲。

做家务时，最好挑一些你喜欢的歌曲播放，它会使你的情绪被感染，家务琐事所带来的厌烦之感会远离而去。

如果你在工作或学习过程中想调剂一下精神，那么不妨选一盘音乐带听上几曲。

如果你想欣赏一首交响曲、协奏曲，或是一场歌剧、重奏曲的话，最理想的时间是在晚饭后，这时有整块的业余时间，大脑兴奋程度较强。

有研究发现，小声哼唱也可以减压。哼唱，即小声地、漫不经心地、肌肉放松地轻声哼唱歌曲、乐曲或者任何别的什么带旋律的曲调。它不要求方式方法，不讲究科学性和艺术性，完全是随心所欲下意识的流露。但如果这个下意识上升到有意识，久

而久之，便会对自己的身心有极大的好处。

1.平气和神，利于冲淡不协调的气氛。当你与人发生了冲突、闹了一点儿矛盾之后，不免胸有积气，如果在此时，你能有意识地自己哼上几句音乐（强制自己哼唱总比强制自己承认错误或者避开矛盾容易得多），心气自然会逐渐平和冷静下来。

2.便于集中精力思考问题。当你在集中精力思谋着一个难解的问题，或者是在进行创作构思、发明设计、技术改造时，很可能“卡”住思路，再苦思冥想也难取得进展。如果这个时候你能暂离案头，关闭思路，有意识地哼上几句音乐，则会起到净化头脑、调节神经的作用，之后再来思考问题，说不定会开出十分意外的新思路。

3.利于消除紧张的心理。人们在日常生活中，难免会处于各种各样的紧张状态之中，对于从事某些特殊行业的人更是如此。紧张是一种心理变化，而哼唱音乐则是消除这种特殊心理变化的妙方之一。

4.利于解除疲劳，是一种积极的休息。无论是体力劳动者或是脑力劳动者，哼唱音乐是解除精神疲劳和肉体疲劳的一种很好的方式。

5.消除烦躁、焦虑的心情。等火车或等约会的朋友是一件非常烦躁而使人焦虑的事情。这时如果你不是三番五次地看表，或频频地翘首张望，而是有意识地强迫自己哼唱几首小曲，焦急的心情就会平静下来，也会觉得时间过得较快。

6.有利于气的代谢和血的流通。哼唱，不只是声带的运动，也是体内各肌肉组织、各器官协调运动的结果，更重要的是气的运动，当然，哼唱时各部位的运动都是极其放松、极其轻微的，但

**行之有效的缓压方法**

计划先行，不要等到事情已经发生了，才去想解决办法

这已足够了。因为哼唱的是音乐，而音乐是有固定的节奏和特定的句读长短的，这就必然打破了正常的呼吸节奏，起到了调节气息的作用。

听音乐是一种最普通的放松形式。选择那种能够使你感到安静、抚慰的音乐，在一张舒服的坐椅上，播放你已经选择好的音乐，没有紧张部位，每当有不相干的想法或念头进入你的脑海，立即将它放弃，记住你的目的是音乐和放松，对自己说“音乐使我得到放松。”

## 睡眠减压法

压力往往来源于精神疲惫，而良好的睡眠能从根本上有效解决压力的问题。铁路乘务人员因工作性质，常常是“黑白夜颠倒”，睡眠时间不足且无规律，致使他们压力大，严重者会产生精神崩溃等亚健康精神问题。休班在家时，应该充分、科学睡眠，在睡眠过程中享受零噪音的深度睡眠，有利于工作和健康。

睡眠首先床要舒适。床的宽度和长度适宜，使人有足够的

伸展余地。单人床至少要有100厘米宽，双人床至少要150厘米宽。长度比人身高长20厘米即可。另外，床要软硬适度，软的程度要达到躺着时不窝到床中间。硬的程度要达到使髋部、肘部和肩部不感到疼痛。

睡觉时不应穿太多衣服。这是因为衣服扭着和拧着时易使人做恶梦。

卧室墙壁的颜色要柔和。人们普遍认为，某些颜色，如鲜红色和明黄，可以使人睡眠时脉搏加快，这是应该避免的。

尽量减少卧室内的灰尘。地毯以及其他织物容易扬起灰尘来，因此，卧室内的地上不应铺满地毯和室内不摆设其他织物的装饰。

不要把花和其他植物放在卧室内。医学上早已证实，人对植物有不同程度的过敏，而这种过敏则影响睡眠的质量，重则令人无法入眠。

卧室的温度不宜过高和过低。专家们建议，最佳温度应保持在19～20 ℃之间。如果温度超过24 ℃的话，人就会在床上辗转反侧，不容易熟睡。当然，被子如果厚的话，温度得做相应的调节。如温度低于20 ℃的话，容易做恶梦。

要保持室内湿度。冬季，屋内有暖气的时候，要特别注意这一点。

卧室里最好不要有亮光。也有例外，有些人在睡觉时习惯于点亮光，因为他们害怕屋里漆黑一团。

保持室内的安静，减少噪音的干扰。可是有些人经过一段时间后，却能在吵闹中安然熟睡，这种现象还无法解释。

单独就寝。同享一张床或同住一个卧室的人无疑是要相互影响的，比如鼾声、磨牙声、动作等都会影响睡觉的质量。

睡眠的卧位与方向也很重要。从人的生理结构来看，心脏位于胸腔的左侧，右卧便于心脏血液输出，从而减轻了心脏的负担。肝脏位于人体右上腹，右卧能使更多的血液流入肝脏，从而加强了肝脏的代谢与排毒功能。胃通向十二指肠的开口和小肠通向大肠的开口均朝右侧开口。右卧有利于食物在消化道中的消化运行。

但是孕妇却以左侧卧位为宜。这是因为大约有80%的孕妇妊娠时子宫向右侧旋转倾斜，右侧输尿管受到骨盆、妊娠子宫及胎儿先露部的直接挤压，以致尿液积滞、易患右侧肾盂肾炎。

许多专家研究认为，头朝南北向睡眠有利于健康。据载，一些由东西向改为南北向卧位的人普遍反映，南北向卧位一年，感觉睡觉扎实，精力充沛，食欲增加。有些患神经衰弱和高血压等慢性病人，自觉症状有改善，有的则是服药后疗效显著。

有人认为这是地磁对人体的影响。地球的南极和北极之间有一个大而较弱的磁场。生活在地球上的人无时不受到地磁的影响。如果人体长期顺着地磁的南北极方向，不使人体器官细胞有序化，产生生物磁化效应，使生物也得到加强，器官机能得到调整，从而给人体健康带来益处。

在《喜临门中国睡眠指数调查报告》中显示，中国人睡眠现状不容乐观，平均得分仅有 64.3 分。这其中，超过五成（55.4%）的国内公众认为工作压力对自己的睡眠造成了较大的影响，同时 56.9%的人表示生活压力令睡眠受到影响。

随着全球城市化的发展与生活节奏的加快，除了环境问题、人居问题外，健康问题，尤其是睡眠问题也逐渐进入研究者的视线。

色彩。蓝色最安定，通常被认为是最适合睡眠的色彩；紫色对于人的身体平衡起到作用，能够刺激或者促进睡意、提高睡眠的质量。浅蓝、浅绿、浅紫、粉红等浅色系能够使人平静、精神放松，是卧室中常用的色彩。最不适合睡眠的颜色有红色、橙色、黄色。红色使人亢奋，影响休息；而黄色对于眼睛的刺激大。

灯光。视觉要素对于睡眠也有重要影响。卧室内的灯具应根据家具的颜色、风格而定，选择相邻色系和统一风格的灯饰。通常，暖色光源可营造温馨、柔和的氛围，更适用于卧室。此外，卧室应利用多种光源，利用床头台灯和落地灯打造柔和聚焦的光源。宝宝睡眠时需要光线柔和，照明灯应不超过 10W。

气味。清新自然的气味，可以帮助人体放松神经、心旷神怡，快速进入梦乡。一般可以选择苹果等自然气味，或者自己熟悉的味道放置卧室内。应注意不应随便使用气味，以防睡眠不适应。此外，适当的花香，可以让卧室香气萦绕，提升卧室情趣，让自己在对方眼中魅力聚升。

床品。天然桑蚕丝、天丝、竹纤维、长绒棉、醋酸纤维等材

**行之有效的缓压方法**

写下你的想法和感觉可以让你考虑的更全面

质，使床品具有极好的亲肤性、透气性和吸湿性。例如桑蚕丝，具有很好的吸湿性和保暖性；天丝爽滑细腻，具有亲肤性、吸湿透气性和抑菌性；竹纤维具有抗菌抑菌、除臭和保健功能。与身体皮肤接触的床单、被罩、枕套等，最好选择此类产品。

## 运动减压法

运动之所以能缓解压力，让人保持平和的心态，与腓肽效应有关。腓肽是身体的一种激素，被称为“快乐因子”。当运动达到一定量时，身体产生的腓肽效应能愉悦神经。适当的运动锻炼，还有利于消除疲劳。那么哪些运动能减压呢？

通常来说，有氧运动能使人全身得到放松。想通过运动缓解压力，可以参加一些缓和的、运动量小的运动，使心情先平静下来，如跳绳、跳操、游泳、散步、打乒乓球等。运动时间可掌握在每天半小时左右。

这里介绍一种放松肌肉的方法，可以在睡前练习。在一间安静、灯光柔和的房间里躺下，掌心向上，两腿伸直，脚尖向外。

闭上眼睛，轻柔地按照自己的节奏呼吸。绷紧脸部肌肉约10秒钟，放松；缓慢地向上抬头，放下；提肩10秒钟，放松；伸展手臂及手指，握拳10秒钟，放松；提臀，然后缓缓地放下；脚后跟并拢，向外伸展腿和脚趾，然后完全放松。重复练习5次。

呼吸减压。选一种舒适的姿势，或站或坐，将双手放在胸前，上身保持放松，吸气的同时扩展胸部，稍停，紧闭双唇，慢慢呼气，重复几次，就会感到紧张的情绪缓和了许多，心情也会随之舒畅。

净化呼吸立姿，两脚分开与肩同宽。用鼻做深吸气，同时两臂缓缓经体侧平举至上举。待吸足气后（两臂恰成上举），两臂急速下放似“挥砍”，张口吐气的同时高喊一声“哈”。这一练习有助于消除精神紧张，并能使长期淤积在肺部的浊气排出。

为了达到放松身心的作用，可以选择自己喜爱的、能产生愉悦感的运动。运动完毕后要及时洗浴，防止感冒，运动时间不要过长，避免过度疲劳或兴奋。

不少静态性运动可以有效帮助乘务人员放松、抗疲劳。现在就介绍几种乘务室运动放松法。

放松眼睛。闭目转动眼球。先按顺时针方向转动6次，再接逆时针方向转动6次。然后睁开眼睛向窗外远处绿色草坪或树木眺望2～3分钟。

放松全身。将全身分为若干段，然后自上而下进行分段放松。其顺序为：头部—颈部—上肢—胸腹—背—大腿—小腿。接着采用倒行放松的方式，自下而上分段放松。连续做3组。

放松颈肩。坐在椅子上，缓慢地用力挺胸，使双肩向后张开，恢复原状后再反复做10～12次。然后做耸肩动作，左、右肩

行之有效的缓压方法

紧张的时候要缓慢深呼吸

各做12次。

放松手指。双手放在大腿上，掌心向上用力握拳，然后按拇指、食指、中指、无名指、小指的顺序依次伸开手指。反复做同样的动作，左、右手指各做12次。

放松腿部。坐在椅子上，抬起脚尖，同时用力收缩小腿及大腿肌肉，然后用力抬起脚跟，小腿及大腿肌肉保持收缩15秒，然后放松，如此反复做5分钟。

运动能够缓解压力，让人达到放松，这是许多人都了解的。在平时的工作中遇到压力，生活中遇到烦恼，为了排解这些不愉快，我们很多人都会选择去运动。但是，带着太大的压力或不良情绪去锻炼，不仅起不到减压的作用，反而适得其反，导致精神紧张、身体疲劳，压力也变得更大了。

运动能够缓解压力，让人保持良性的、平和的心态。当运动达到一定量时，身体产生的腓肽效应，能愉悦神经。腓肽效应让人感觉到高兴和满足，甚至可以把压力和不愉快都带走。但如果带着太大的压力和不良情绪去锻炼，在锻炼中思绪杂乱，注意力不集中，将影响锻炼的效果。有人刻意从事一些激烈的、运动量大的运动项目，认为出一身大汗，压力和不良情绪就会全部释放出来。专家指出，这种激烈且大运动量的锻炼，往往造成身体疲劳，加上原来紧张的精神，压力不但排解不了，情绪反而会更坏。

如果想选择通过运动这一方法来缓解压力，可以先参加一些缓和的、运动量小的运动，使心情先平静下来，再逐渐过渡到大运动量的运动。如果压力来源于工作，可以参加一些集体运动，如篮球、排球等，在这些运动过程中，也可以体会到合作的愉快。此外，有时候换一个运动环境，可能对缓解压力起到意想不到的效果。如经常在室内运动的人，到户外去爬山，到小树林里去跑步，一会就会感觉轻松愉快。运动前可以尝试一下心理调节，也有利于运动中更好地释放压力。在运动之前也可找个安静的地方，先闭目养神几分钟，做几次深呼吸；或对着镜子看看自己，说一句鼓励自己的话，让精神振奋起来。

## 饮食减压法

缓解压力、放松自己与健康的体质有很密切的关系。在身心健康中，身体健康是基础，有了健康的身体，心理的健康才有坚强的后盾。除了体育运动能够增强体质外，饮食和营养也是身体健康的一个非常重要的方面。

饮食减压包括两个方面，一方面指科学合理的饮食可以保证铁路乘务人员生理健康，为他们超强的劳动提供足够的物质与营养基础。这是铁路乘务人员减轻心理压力的生理保证。另一方面，研究表明，有的食物有直接减轻人的心理压力的作用，

**行之有效的缓压方法**

用微张的嘴唇呼气，重复10次

有的食物还可提高我们的接受能力和工作效率，使我们的思维更加敏捷，精力集中。

食品具有人体生活调节机能。人们对食品功能的认识，在一个很长的时间内一直停留在两个方面，即食品的营养（一次功能）和味道（二次功能）。其实食品还有第三功能人体生理调节机能。所谓机能性食品就是这些食品中的一些成分具有调节人体生物节律，增强人体免疫能力和恢复健康等的调节机能。日本文部省曾进行了题为“食品机能的系统解析与展开”的研究。最近日本大洋渔业公司成功地开发了一种对人体十分有利的新型食品原料——食用软骨素，实际上软骨素是广泛存在于动物结缔组织和软骨中的一种粘多糖，研究表明它同动物体中含有的其他粘多糖，如：透明胶质、角质硫酸，对调节人体功能，特别对提高人体免疫能力，延缓衰老，细润皮肤等有多方面作用。这在一定程度上从理论上揭示了我们中国人认为吃猪蹄、猪尾、熊掌对人体有补的说法。实际上中国人很早就重视某些食品对人体的作用，只是至今什么成分起了作用没有科学解释，如黑色食品中的黑芝麻、黑枣、黑豆、乌鸡等，过去只是沿用中医药物的观点进行解释，什么补心、补肾，说了半天也很难让人弄清楚。如果通过实验，从机理上进行一些解释，哪怕是定性的相当浅显的解释，也是一件相当了不起的工作。有人把食品第三功能的研究认为是未来世纪食品开发的一个趋势。过去人们对食品成分的认识主要是蛋白质、淀粉、脂肪、维生素等方面，近几年来随着科学技术的进步又增加了微量元素。现在看来还远不能解释食品与人体的复杂关系。进一步开展食品第三功能的研究迫在眉睫。如今人们已经了解缺少微量元素或比例失调，可以患各种疾病。缺镁可能导致偏头痛，如镁和铜等微量元素缺少可能导致夜盲症。又如当人体缺铬时，胰岛素的作用就会明显降低，从而使身体不能有效地利用糖。严重缺铬时会出现中等程度的空腹高血糖、糖尿和血管变形等现象，食品可以调节人体内分泌腺，促使它们正常工作。甲状腺使人精神焕发。甲状腺不足，人易疲劳，思维迟钝。多食虾、蟹、西红柿、黑浆果、海藻、甜菜可获得甲状腺所需的碘。性腺，需要维生素 A（鱼肝油、土豆、白菜、西红柿、肝脏等）、维生素 B、C 和 E（麦胚、蛋黄、未碾碎的粮食、葵花子油等）。还需要铁和铜，如豆类、花生、核桃、葡萄干、蛋、绿色蔬菜，蘑菇、扁豆等。胰腺，它监督人体内的糖含量，它需要 B 族维生素、硫和镍，应多食菜花、白菜、蛋黄、葱、胡萝卜、肉类等。

与情绪关系最密切的大概是三类营养素：钙和镁等矿物质，B 族维生素和碳水化合物。

钙不仅和骨骼相关，还和神经系统的功能有关。钙缺乏时，神经系统处在过度兴奋的状态，很难达到宁静、耐心、坚韧的状态。小孩子缺乏钙会哭闹不停，成年人缺钙时，也会容易出现急躁情绪，容易被激惹，有点神经质，情绪难以控制。缺钙还会加

行之有效的缓压方法

不要好高骛远

剧失眠的烦恼，而睡眠不好时就不要指望人们的情绪能够充满正能量。

钙吸收需要维生素D帮忙，所以维生素D不足也影响情绪。人们都知道，维生素D的生成与接受阳光照射有关，而最奇妙的是，阳光本身就能抗抑郁。光照少的地区抑郁率和自杀率也较高；光照少的季节抑郁率和自杀率也会上升；那些经常在阳光下活动的人，很少患上抑郁症，情绪更开朗。

镁是另一种能够帮助人们对抗压力的营养素。摄入丰富的镁有让人抵抗精神压力带来的升血压效果，减少压力激素的过度分泌，因而被一些白领人士叫做“抗压力营养素”。镁的丰富来源是深绿色叶菜、果仁、豆类和全谷类，还有少数水果，比如香蕉。

另外一类营养素，就是B族维生素。B族维生素一共有8种，比如神经系统的能量代谢就高度依赖于维生素B1。人们早就发现，维生素B1缺乏的时候，人体不仅疲乏无力、食欲不振、消化不良，还会出现情绪沮丧、反应迟钝、感觉异常等神经系统症状。最新研究证实，维生素B1缺乏增加老年人的抑郁症风险。

已知人体的情绪和多种神经递质有关，其中很多是从氨基酸转变而来，而维生素B6则为氨基酸代谢所必需。不难理解，维生素B6缺乏症状之一就是抑郁症。

维生素B12则与神经鞘的合成有关，当它发生缺乏的时候，人会发生思维能力下降、感觉障碍、精神错乱等情况。另一种B族维生素，叫做烟酸或尼克酸的物质，严重缺乏时会引起痴呆和思维混乱。叶酸缺乏的时候，也会引起类似于维生素B12缺乏的情绪障碍，而且会造成新生儿的神经管畸形。

饥饿减肥时很少吃淀粉类主食的人，非常容易发生脾气变坏、喜怒无常、记忆力下降、烦躁、抑郁、失眠等情况。因为碳水化合物供应不足会剥夺神经系统最爱使用的能源。苛刻的节食还造成营养供应水平大幅下降，钙和多种B族维生素也会严重不足，神经系统功能更是雪上加霜。

在工作繁忙的时候，人们往往会忽略饮食营养平衡，没时间购买新鲜食材烹调三餐，而是用方便面、快餐、甜食、膨化食品等来充当三餐，而这样的饮食含有大量的钠盐，而钠是促进紧张的元素，会让人的情绪更难以安宁，对抗压力缓解情绪所需要的钙、镁元素和B族维生素却严重缺乏。

所以，越是工作繁忙，越要在饮食上照顾好自己。多吃天然新鲜食物，每天半斤五谷杂粮，1斤蔬菜，半斤奶，二两豆腐，1斤水果，再加点坚果。当然，减少竞争心态和物质欲望，更有条理地安排好日常工作和生活，适度健身锻炼，经常接触日光和大自然，学习人际相处的技巧，都是对抗压力，让人们更健康更安宁的重要措施。

# 行之有效的缓压方法

对事对人要有一颗包容的心，接受我们生活在一个不完美世界的事实

## 放松训练减压法

放松是控制自主神经兴奋和镇静替代关系的自主行为方法，通过放松的练习可以让副交感神经系统重新得到控制。使用放松技巧会改善我们人体的生理状况，减缓新陈代谢，包括血压降低，心跳变慢，肌肉松弛，血浆中的胆固醇减少，以及其他的生理反应。

放松训练是指身体和精神由紧张状态转向松弛状态的过程。放松主要是消除肌肉的紧张。在所有生理系统中，只有肌肉系统是我们可以直接控制的。当压力事件出现时，紧张不断积累，压力体验逐渐增强。此刻，持续几分钟的完全放松比一小时的睡眠效果更好。放松可以通过呼吸放松、想象放松、静坐放松、自律放松等方法进行。那么，是否需要放松，何时放松最好？除了压力测试外，可以从身体、精神方面了解自己。从身体方面，可以观察饮食是否正常、营养是否充分、睡眠是否充足、有无适量运动等；从精神方面，可以观察处事是否镇定、注意力是否

集中、是否心平气和。如果回答都为“是”，说明比较放松；如果回答大部分为“不是”，那么需要借助放松训练来调整。

放松训练是一种自我调整方法，是通过机体主动放松来增强自我控制的有效手段。一般是在安静的环境中按一定要求完成特定的动作程序，通过反复的练习，使人学会有意识地控制自身的心理、生理活动，以达到降低机体唤醒水平，增强适应能力，调整因过度紧张而造成的生理、心理功能失调，起到预防及治疗作用。

放松训练的方法有多种，下面介绍几个方法，乘务人员可以利用早上醒来或晚上临睡前的几分钟时间练习。

### 放松一：想象放松

选一个安静的房间，平躺在床上或坐在沙发上。

闭上双眼，想象放松各部分紧张的肌肉。

想象一个你熟悉的、令人高兴的、具有快乐联想的景致，比如校园或是公园。

仔细看着它，寻找细致之处。如果是花园，找到花坛、树林的位置，看着它们的颜色和形状，尽量准确地观察它。

此时，敞开想象的翅膀，幻想你来到一个海滩（或草原），你躺在海边，周围风平浪静，波光熠熠，一望无际，使你心旷神怡，内心充满宁静、祥和。

随着景象越来越清晰，幻想自己越来越轻柔，飘飘悠悠地离开躺着的地方，融入环境之中。阳光、微风轻拂着你，你已成为景象的一部分，没有事要做，没有压力，只有安静和轻松。

在这种状态下停留一会儿，然后想象自己慢慢地又躺回海边，景象渐渐离你而去。再躺一会，周围是蓝天白云，碧涛沙滩。

行之有效的缓压方法

工善其事，必先利其器

然后做好准备，睁开眼睛，回到现实。此时，头脑平静，全身轻松，非常舒服。

放松二：渐进放松

选择一间安静的房间，躺在床上或坐在沙发上。

宽松衣服，调整姿态，尽量舒服些。

使右脚和右脚踝肌肉紧张，扭动脚趾，感觉如何？收紧肌肉，再放松，反复做几次，记住紧张和放松时不同的感觉。

左脚和左脚踝重复同样的练习。

收紧小腿肌肉，先右后左，重复紧张和放松。

收紧大腿肌肉，先右后左，体会大腿紧张是怎样影响膝盖和膝关节的。

再移到臀部和腰部，注意紧张和松弛两种状态的不同感觉。

向上练习腹部、胸部、背部、肩膀的肌肉。

练习前臂与手，抬起放下，握拳放松，先右后左，反复练习。

最后到脖颈、面部、前额和头皮。

放松顺序也可以自上而下，每天花几分钟时间练习，坚持下去，必有收获。

## 情感宣泄减压法

宣泄法是一种将内心的压力排泄出去，以促使身心免受打击和破坏的方法。通过宣泄内心的郁闷、愤怒和悲痛，可以减轻或消除心理压力，避免引起精神崩溃，恢复心理平衡。

铁路乘务人员由于工作环境特殊，长期工作在一辆环境单一、封闭且噪音不断的列车中，工作中的压力和紧张状态往往会延伸到工作之外，他们需要通过情感宣泄的方法将身体与心理方面的问题排解。

压力能够导致部分铁路乘务人员心率加快、血压升高、抑郁症状、严重头疼、头晕、疲劳、睡眠不好和内分泌功能失调，机体的免疫功能降低，使个体处于“抑制”状态、体力下降，并伴有注意力下降、抑制情绪。

对不良情绪需要及时的宣泄。“喜怒不行于色”不宜提倡，如果压抑自己，不仅会加重不良情绪的困扰，还会导致某些身心疾病。因此对不良情绪的疏导和宣泄是自我调节的一种好方法。曾有一位运动员受到教练训斥后很沮丧，不久引发了胃病的发作，药物治疗不见效果。心理学家建议他在训练中把球当教练员的脸狠狠地打。采用此法后他的胃病果然好多了。这种不损害他人又有利于排泄不良情绪的自我宣泄法，可以借鉴。

不过这种宣泄应该是合理的，不伤害别人的。简单的打砸、吼叫、迁怒于人，找替罪羊（丈夫、妻子、孩子、同事……）或发牢骚、说怪话都是不可取的。宣泄应该是文明、高雅、富有人情味的交流。有人说一份快乐由两人分享会变成两份快乐；一份痛

**行之有效的缓压方法**

把你的烦恼说给可信任的朋友，可以帮你理清混乱的思绪

苦，由两人分担就只有半份痛苦。如果把自己的烦恼、痛苦埋藏在心底里，只会加剧自己的苦恼。而如果把心中的忧愁、烦恼、痛苦、悲哀等向你的亲朋好友倾诉出来，即使他们无法替你解决，但只得到朋友的同情或安慰，你的烦恼和痛苦似乎减轻了许多。这时情感得到舒畅，想哭的时候大哭一场，释放积聚的负面情绪，调整机体的平衡，大雨过后是晴空，心中的不良情绪会一扫而光。

## 转移注意力减压法

转移注意力减压的方法其原理是大脑皮层产生一个新的兴奋中心，通过相互诱导、抵消或冲淡原来优势兴奋中心（即原来的不良情绪中心）。如你与人发生争吵后，马上离开那个环境，去打球或看电影。当悲伤、愤怒、忧愁情绪发生时，先避开某种对象，不去想或暂时遗忘，可以消忧解愁。在余怒未消时，可以通过运动、娱乐、散步等活动，使紧张情绪松弛下来，有意识地转移话题或是做点别的事情来分散注意力，可使不良情绪得到

缓解。

有意识地转移注意力是减轻铁路乘务人员工作压力的有效途径。安全生产带来的职业压力是铁路乘务人员心中的无形压力。由于现代企业生产是专业化和系统化生产，导致任何环节出现技术问题（如标准偏差和设备质量隐患），任何一项管理出现漏洞，任何一个现场作业人员工作疏忽、违章违纪，任何一个安全环境出现盲点，都可能酿成严重后果。

新技术新设备应用，以及高速度快节奏带来的压力，是铁路乘务人员的现实压力。现代企业生产环节紧密衔接，工作流程紧凑，稍有疏漏就可能酿成大祸。例如一名铁路机车司机牵引一趟列车，要观察和辨识大量信号和标志以及监控各种行车数据，有的要连续工作十多个小时，必须严格完成各项操纵程序，不得有丝毫疏忽。在工作之余，他们一定要放下，转移注意力，充分放松自己，上网与朋友聊天、利用工余与家人外出休假、看电影或玩牌都可行，但要适度。

知识链接

## 你的社会支持系统

根据自己的实际情况，在下面每一种情境中搜索你能想到的任何亲人、朋友、同学及同事等。

1. 学校的老师和领导，你最喜欢谁？
2. 为商讨一新观念，你找谁？
3. 交流消遣，谁可与你为伴？
4. 经济拮据时，你向谁开口？
5. 被困孤岛，你渴望谁在身边？
6. 倒在病床，你喜欢谁照顾？
7. 当你恋爱失败，你向谁倾诉？
8. 若你与家人吵架，你向谁倾诉？
9. 当你获得某项成功，你会与谁分享？
10. 若你考试成绩不理想，你去向谁说？
11. 当你在功课上有问题时，去向谁请教？
12. 当你面临选择，去向谁征求意见？
13. 如你长期外出，你的用品托谁照管？
14. 搬家时，你找谁帮忙？
15. 为完成一个重要使命，你找谁？

答案参考：

如果少于 3 人，你的社会支持系统很不完善；

如果是 3～5 人，你的社会支持系统不太完善；

如果是 5～8 人，你的社会支持系统比较完善；

如果是 8 人以上，你的社会支持系统非常完善。

# 第四部分
# 心理健康自评表

改革开放三十多年来，中国经济迅猛发展，人们的物质生活水平发生了天翻地覆的变化。但是心理学研究却发现，人们在追逐成功的同时，心态却变得日益浮躁，内心的“幸福感”没有上升反而下降了，各种心理问题日益突显，不少人常常感到心理压力很大，以至于出现各种负面情绪影响了正常的工作和生活。闲暇时，不妨测测自己心理健康状况，做到自己的身心健康心中有数，有病治病，无病预防。

## 判断你的工作压力状况

过去三个月的经历：

从来没有＝0分　偶尔＝1分　有时＝2分　经常＝3分　几乎总是＝4分

1. 对学习或工作没有热情。
2. 即使睡眠充足，也感到劳累。
3. 在学习或工作中履行职责时感到沮丧。
4. 遇到小困难时，情绪低落，不理智或没耐心。
5. 我需要更多的时间和精力去应对工作。
6. 对学习或工作感到悲观、无助或沮丧。

7. 做决定的能力比以前低。

8. 我认为我的学习或工作效率不应该这么低。

9. 学习或工作质量达不到期望值。

10. 我感到身体、情感和精神上都很虚弱。

11. 抵抗疾病的能力下降了。

12. 对性爱的兴趣减低了。

13. 饮食改变。

14. 感觉对别人的问题和需要很无情。

15. 和领导、同事、朋友及家人的关系似乎更紧张了。

16. 健忘。

17. 很难集中注意力。

18. 容易心烦。

19. 有不满意、做错事或丢了什么的感觉。

20. 缺乏长远目标。

得分为 0～25 分：处理学习或工作压力的能力很强；

得分为 26～40 分：正在承受学习或工作压力，适当的预防是较为明智的；

得分为 41～55 分：学习或工作压力很大，需要采取措施；

得分为 56～80 分：正在走向崩溃，必须马上采取措施。

## 寻找你的压力来源

压力来源是多方面的，一方面与外在的客观环境有关，另一方面与个人的主观感受有关，还与个人对待压力事件的评估有很大关系，要处理压力，首先，要识别自己的压力在哪里，下面是一个简易测量，请你如实回答，即可判断你的压力来源。

过去一年的经历：

没有＝0 分　偶尔＝1 分　时而＝2 分　经常＝3 分　总是＝4 分

1. 我缺乏行使某项职责的权利；

2. 我感觉陷在某种情形里，没有出路；

3. 我不能在对我有影响的决定中起作用；

4. 在执行某项任务时，会有许多要求妨碍我；

5. 我不能解决指派给我的问题。

（得分：　　）

6. 我不能确定我的学习或工作职责；

7. 我没有足够的信息去执行某项任务；

8. 我不能胜任别人认为我能做的某项任务；

9. 同我一起学习或工作的其他人不清楚我在做什么；

10. 我不知道用来评价我的表现的标准。

（得分：　　）

11. 我是如何学习或工作的与我受到的何种评价没有关系；

12. 我感觉人气和政治态度比学习或工作表现更重要；

13. 我不知道我的领导是如何看待我的学习或工作表现的；

14. 我不知道我做对以及做错了什么；

15. 我如何表现和我受到何种待遇无关。

（得分：　　）

16. 在对立状态中我必须做出让步；

17. 同合作者意见不同；

18. 同领导意见不同；

19. 我被夹在中间；

20. 我得不到完成学习或工作所需要的支持。

（得分：　　）

21. 对提升或发展的机会感到很悲观；

22. 我的领导很严厉；

23. 感觉不能被同事接受；

24. 好的表现不受重视或赞赏；

25. 在学习或工作中的进步似乎不尽如人意。

（得分：　　）

26. 在学习或工作中不被重用；

27. 感觉同事或领导不支持我；

28. 我的价值观与管理部门的不一致；

29. 组织似乎不关注我；

30. 在学习或工作中不能做自己所想的事。

（得分：　　）

31. 我有太多事要做却苦于没有时间；

32. 旧的任务未完成，新的任务又来了；

33. 我的学习或工作影响了我的个人生活；

34. 我不得不利用业余时间学习或工作；

35. 学习或工作太多以致我都不能很好地完成。

（得分：　　）

36. 没什么可做的；

37. 觉得目前的学习或工作对我来说太轻松；

38. 学习或工作不具挑战性；

39. 大部分学习或工作都很平淡；

40. 在学习或工作中缺乏与人接触。

（得分：　　）

41. 学习或工作环境不愉快；

42. 没有人关注我的学习或工作；

43. 学习或工作环境的某些方面似乎危险；

44. 与人打交道的机会太多或太少；

45. 不得不去应付许多争论。

（得分：　　）

46. 我不得不做一些违背良心的事情；

47. 我不得不在价值观上妥协；

48. 我的家人和朋友不尊重我做的事；

49. 我的同事在做我不同意的事；

50. 我学习或工作的组织强迫员工做不道德或不安全的事。

（得分：　　）

（总分：　　）

总分＞100 分：学习或工作压力超过均值；

总分＞130 分：学习或工作压力非常高；

每个不同方面的得分＞12 分：显示压力。

其中，每个题目所代表的意义如下：

缺乏控制力(1～5 题)；

缺乏信息(6～10 题)；

学习的无助(11～15 题)；

冲突(16～20 题)；

发展受限(21～25 题)；

疏离感(26～30 题)；

压力过大(31～35 题)；

压力不足(36～40 题)；

环境(41～45 题)；

价值观冲突(46～50 题)。

## 你的社会适应能力诊断量表

社会适应能力，指的是一个人在心理上适应社会生活和社会环境的能力。社会适应能力的高低，从某种意义上说，表明一个人的成熟程度。下面的问题能帮助你进行社会适应能力的自我判别，请把答案填在括号内：是、无法肯定、不是。

1. 我最怕换工作，每到一个新环境，我总要经过很长一段时间才能适应。（ ）

2. 每到一个新的地方，我很容易同别人接近。（ ）

3. 在陌生人面前，我常无话可说，以至感到尴尬。（ ）

4. 我最喜欢学习新知识或新学科，它给我一种新鲜感，能调动我的积极性。（ ）

5. 每到一个新地方，我第一天总是睡不好，就是在家里，只要换一张床，有时也会失眠。（ ）

6. 不管生活条件有多大变化，我都能很快习惯。（ ）

7. 越是人多的地方，我越感到紧张。（ ）

8. 在正式比赛或考试时，我的成绩多半不会比平时练习差。（ ）

9. 我最怕在会上发言，所有同事都看着我，心都快跳出来了。（ ）

10. 即使有的同事对我有看法，我仍能同他（她）交往。（ ）

11. 领导在场的时候，我做事情总有些不自在。（ ）

12. 和同事、家人相处，我很少固执己见，乐于采纳别人的看

法。（　　）

13.同别人争论时，我常常感到语塞，事后才想起该怎样反驳对方，可惜已经太迟了。（　　）

14.我对生活条件要求不高，即使生活条件很艰苦，我也能过得很愉快。（　　）

15.有时自己明明已经掌握了技术要领，可在实际操作的时候还是会出差错。（　　）

16.在决定胜负成败的关键时刻，我虽然很紧张，但总能很快使自己镇定下来。（　　）

17.我不喜欢的东西，不管怎么学也学不会。（　　）

18.在嘈杂混乱的环境里，我仍然能集中精力学习，并且效率较高。（　　）

19.我不喜欢陌生人来家里做客，每逢这种情况，我就有意回避。（　　）

20.我很喜欢参加社交活动，我感到这是交朋友的好机会。（　　）

评分标准：

1.凡是单数号题(1,3,5,7……)，是：－2分，无法肯定：0分，不是：2分。

2.凡是双数号题(2,4,6,8……)，是：2分，无法肯定：0分，不是：－2分。

将各题的得分相加，即得总分。

35～40分：社会适应能力很强，能很快地适应新的学习、生活环境，与人交往轻松、大方，给人的印象极好，无论进入什么样的环境，都能应付自如、左右逢源。

29～34 分：社会适应能力良好。

17～28 分：社会适应能力一般，当进入一个新环境，经过一段时间的努力，基本上能适应。

6～16 分：社会适应能力较差，依赖于较好的学习、生活环境，一旦遇到困难则易怨天尤人，甚至消沉。

5 分以下：社会适应能力很差，在各种新环境中，即使经过一段相当长时间的努力，也不一定能够适应，常常因与周围事物格格不入而感到十分苦恼。在与他人的交往中，总是显得拘谨、羞怯和手足无措。

## 你的抗挫折能力度量表

心理学上所说的挫折，是指人们为实现预定目标采取的行动受到阻碍而不能克服时，所产生的一种紧张心理和情绪反应。

1. 在过去的一年中，你自认为遭受挫折的次数：

(1)0～2次；(2)3～4次；(3)5次以上。

2. 你每次遇到挫折：

(1)大部分都能自己解决；(2)有一部分能解决；(3)大部分解决不了。

3. 你对自己才华和能力的自信程度如何：

(1)十分自信；(2)比较自信；(3)不太自信。

4. 你对问题经常采用的方法是：

(1)知难而进；(2)找人帮助；(3)放弃目标。

5. 有非常令人担心的事时，你：

(1)无法工作；(2)工作照样不误；(3)介于“(1)”“(2)”之间。

6. 碰到讨厌的对手时，你：

(1)无法应付；(2)应付自如；(3)介于“(1)”“(2)”之间。

7. 面临失败时，你：

(1)破罐破摔；(2)将失败转化为成功；(3)介于“(1)”“(2)”之间。

8. 工作进展不快时，你：

(1)焦躁万分；(2)冷静地想办法；(3)介于“(1)”“(2)”之间。

9. 碰到难题时，你：

(1)失去自信;(2)为解决问题而动脑筋;(3)介于“(1)”“(2)”之间。

10.工作中感到疲劳时:

(1)总是想着疲劳,脑子不好使了;(2)休息一段时间,就忘了疲劳;(3)介于“(1)”“(2)”之间。

11.工作条件恶劣时,你:

(1)无法工作;(2)能克服困难干好工作;(3)介于“(1)”“(2)”之间。

12.产生自卑感时,你:

(1)不想再继续工作;(2)立即振奋精神继续工作;(3)介于“(1)”“(2)”之间。

13.上级给了你很难完成的任务时,你会:

(1)顶回去了事;(2)千方百计干好;(3)介于“(1)”“(2)”之间。

14.困难落到自己头上时,你:

(1)厌恶之极;(2)认为是个锻炼;(3)介于“(1)”“(2)”之间。

评分标准:

1～4题,选择(1)、(2)、(3)分别得2、1、0分;

5～14题,选择(1)、(2)、(3)分别得0、2、1分。

19分以上:说明你的抗挫折能力很强。

9～18分:说明你虽有一定的抗挫折能力,但对某些挫折的抵抗力薄弱。

8分以下:说明你的抗挫折能力很弱。

## 你的沟通能力度量表

良好的沟通能力是处理好人际关系的关键。具有良好的沟通能力可以使你很好地表达自己的思想和情感，获得别人的理解和支持，从而和上级、同事、下级保持良好的关系。沟通技巧较差的个体常常会被别人误解，给别人留下不好的印象，甚至无意中对别人造成伤害。每个人都有独特的与人沟通、交流的方式。阅读下面的情境性问题，只需回答“是”、“否”即可，请尽快回答，注意不要遗漏。

请你就以下问题认真地问问自己：

1. 你真心相信沟通在组织中的重要性吗？

2. 在日常生活中，你在寻求沟通的机会吗？

3. 当你站在演讲台时，能很清晰地表达自己的观点吗？

4. 在会议中，你善于发表自己的观点吗？

5. 你是否经常与朋友保持联系？

6. 在休闲时间，你经常阅读书籍和报纸吗？

7. 你能自行构思，写出一份报告吗？

8. 对于一篇文章，你能很快区分其优劣吗？

9. 在与别人沟通的过程中，你都能清楚地传达想要表达的意思吗？

10. 你觉得你的每一次沟通都是成功的吗？

11. 你觉得自己的沟通能力对工作有很大帮助吗？

12. 你喜欢与你的上司一起进餐吗？

评分标准：

以上回答，回答“是”得1分，回答“否”不得分。得分在8～12分，说明协调沟通能力比较好，得分在1～7分，说明协调沟通能力不太好，需要好好培养。

## 你的健康水平测查（SCL-90 心理卫生量表）

测试方法：

每项问题后附有五级评分可供选择，测试者需根据自己一周内的感觉和体会，选择相应的评分。评分标准如下。

没有——自觉无该项症状。

很轻——自觉有该项症状，但对受测者并无实际影响或影响轻微。

中等——自觉有该项症状，对受测者有一定影响。

偏重——自觉常有该项症状，对受测者有相当程度的影响。

严重——自觉该症状的频度和强度都十分严重，对受测者的影响严重。

这里的轻重程度应该由自评者根据症状的频度、强度给自己带来的痛苦和烦恼，以及工作、学习、生活中的心理社会功能损害来综合评定。而具体评分，则由受测者来感觉体会，不必作硬性规定。

注意事项：

1. 测试者应看清评定要求，所选结果没有对错之分，只需选出独立的、不受任何人影响的自我评定即可。

2. 评定的时间范围最好是“现在”或者是“最近一周”。

3. 每次评定一般在 20 分钟内完成。

测试说明：

请仔细阅读以下列出的每一条问题，然后根据最近一星期内下述情况影响您的实际感觉，在每个问题后标明该题的程度得分。其中,“没有”选 1,“很轻”选 2,“中等”选 3,“偏重”选 4,“严重”选 5。

1. 头痛。(1～2～3～4～5)

2. 神经过敏,心中不踏实。(1～2～3～4～5)

3. 头脑中有不必要的想法或字句盘旋。(1～2～3～4～5)

4. 头昏或昏倒。(1～2～3～4～5)

5. 对异性的兴趣减退。(1～2～3～4～5)

6. 对旁人责备求全。(1～2～3～4～5)

7. 感到别人能控制您的思想。(1～2～3～4～5)

8. 责怪别人制造麻烦。(1～2～3～4～5)

9. 忘性大。(1～2～3～4～5)

10. 担心自己的衣饰整齐及仪态的端正。(1～2～3～4～5)

11. 容易烦恼和激动。(1～2～3～4～5)

12. 胸痛。(1～2～3～4～5)

13. 害怕空旷的场所或街道。(1～2～3～4～5)

14. 感到自己的精力下降,活动减慢。(1～2～3～4～5)

15. 想结束自己的生命。(1～2～3～4～5)

16. 听到旁人听不到的声音。(1～2～3～4～5)

17. 发抖。(1～2～3～4～5)

18. 感到大多数人都不可信任。(1～2～3～4～5)

19. 胃口不好。(1～2～3～4～5)

20. 容易哭泣。(1～2～3～4～5)

21. 同异性相处时感到害羞不自在。(1～2～3～4～5)

22. 感到受骗,中了圈套或有人想抓住您。(1～2～3～4～5)

23. 无缘无故地突然感到害怕。(1～2～3～4～5)

24. 自己不能控制地大发脾气。(1～2～3～4～5)

25. 怕单独出门。(1～2～3～4～5)

26. 经常责怪自己。(1～2～3～4～5)

27. 腰痛。(1～2～3～4～5)

28. 感到难以完成任务。(1～2～3～4～5)

29. 感到孤独。(1～2～3～4～5)

30. 感到苦闷。(1～2～3～4～5)

31. 过分担忧。(1～2～3～4～5)

32. 对事物不感兴趣。(1～2～3～4～5)

33. 感到害怕。(1～2～3～4～5)

34. 感情容易受到伤害。(1～2～3～4～5)

35. 旁人能知道自己的心理想法。(1～2～3～4～5)

36. 感到别人不理解自己、不同情自己。(1～2～3～4～5)

37. 感到人们对自己不友好,不喜欢自己。(1～2～3～4～5)

38. 做事必须做得很慢以保证做得正确。(1～2～3～4～5)

39. 心跳得很厉害。(1～2～3～4～5)

40. 恶心或胃部不舒服。(1～2～3～4～5)

41. 感到比不上他人。(1～2～3～4～5)

42. 肌肉酸痛。(1～2～3～4～5)

43. 感到有人在监视自己、谈论自己。(1～2～3～4～5)

44. 难以入睡。(1～2～3～4～5)

45. 做事必须反复检查。(1～2～3～4～5)

46. 难以作出决定。(1～2～3～4～5)

47. 怕乘电车、公共汽车、地铁或火车。(1～2～3～4～5)

48. 呼吸有困难。(1～2～3～4～5)

49. 一阵阵发冷或发热。(1～2～3～4～5)

50. 因为感到害怕而避开某些东西、场合或活动。(1～2～3～4～5)

51. 脑子变空了。(1～2～3～4～5)

52. 身体发麻或刺痛。(1～2～3～4～5)

53. 喉咙有梗塞感。(1～2～3～4～5)

54. 感到前途没有希望。(1～2～3～4～5)

55. 不能集中注意。(1～2～3～4～5)

56. 感到身体的某一部分软弱无力。(1～2～3～4～5)

57. 感到紧张或容易紧张。(1～2～3～4～5)

58. 感到手或脚发重。(1～2～3～4～5)

59. 想到死亡的事。(1～2～3～4～5)

60. 吃得太多。(1～2～3～4～5)

61. 当别人看着您或谈论您时感到不自在。(1～2～3～4～5)

62. 有一些不属于您自己的想法。(1～2～3～4～5)

63. 有想打人或伤害他人的冲动。(1～2～3～4～5)

64. 醒得太早。(1～2～3～4～5)

65. 必须反复洗手、点数目或触摸某些东西。(1～2～3～4～5)

66. 睡得不稳不深。(1～2～3～4～5)

67. 有想摔坏或破坏东西的冲动。(1～2～3～4～5)

68. 有一些别人没有的想法或念头。(1～2～3～4～5)

69. 感到对别人神经过敏。(1～2～3～4～5)

70. 在商店或电影院等人多的地方感到不自在。(1～2～3～4～5)

71. 感到做任何事情都很困难。(1～2～3～4～5)

72. 感到一阵阵恐惧或惊恐。(1～2～3～4～5)

73. 感到在公共场合吃东西很不舒服。(1～2～3～4～5)

74. 经常与人争论。(1～2～3～4～5)

75. 独自一个人时感到神经紧张。(1～2～3～4～5)

76. 感到别人对自己的成绩没有作出恰当的评价。(1～2～3～4～5)

77. 即使和别人在一起也感到孤单。(1～2～3～4～5)

78. 感到坐立不安、心神不定。(1～2～3～4～5)

79. 感到自己没有任何价值。(1～2～3～4～5)

80. 感到熟悉的东西变成陌生或不像是真的。(1～2～3～4～5)

81. 大叫或摔东西。(1～2～3～4～5)

82. 害怕会在公共场合昏倒。(1～2～3～4～5)

83. 感到别人想占自己的便宜。(1～2～3～4～5)

84. 为一些有关性的想法而苦恼。(1～2～3～4～5)

85. 认为应该因为自己的过错而受到惩罚。(1～2～3～4～5)

86. 感到要很快把事情做完。(1～2～3～4～5)

87. 感到自己的身体有严重问题。(1～2～3～4～5)

88. 从未感到和其他人很亲近。(1～2～3～4～5)

89. 感到自己有罪。(1～2～3～4～5)

90. 感到自己的脑子有毛病。(1～2～3～4～5)

测试结果：

1. 单项分：各项目的评分值；

2. 总分：所有单项分之和，即得到总分；

3. 总均分：单项的平均分＝总分/90；

4. 阳性项目数：单项分大于或等于2的项目数；

5. 阴性项目数：单项分等于1的项目数；

6. 阳性症状均分：阳性项目的平均分＝阳性项目评分之和/阳性项目数；

7. 因子分：因子内的单项平均分＝因子各单项分之和/因子的项目数。

结果分析：

1. 总分能反映病情严重程度，总分变化能反映其病情演变。阳性项目数及阳性均分反映自我感觉不佳范围及其程度，也可在一定程度上代表其疾病严重性。

2. 因子分及廓图：因子分可反映症状群特点和严重程度。根据因子分还可以画出廓图，给人以直观印象。

3. 分界值：我国学者根据中国常模结果提出了应用的分界值，总分超过160分，或阳性项目数超过43项，或任一因子分大于2分，可考虑筛查阳性，需进一步检查。

## 你的焦虑情绪测评表

测试方法：

评定时间为过去一周内。

题目后面括号中的分数所代表的意思依次是："1－很少有"、"2－有时有"、"3－大部分时间有"、"4－绝大多数时间有"。

1. 我感到比往常更加神经过敏和焦虑。(1～2～3～4)

2. 我无缘无故感到担心。(1～2～3～4)

3. 我容易心烦意乱或感到恐慌。(1～2～3～4)

4. 我感到我的身体好像被分成几块，支离破碎。(1～2～3～4)

5. 我感到事事顺利，不会有倒霉的事情发生。(4～3～2～1)

6. 我的四肢抖动和震颤。(1～2～3～4)

7. 我因头痛、颈痛和背痛而烦恼。(1～2～3～4)

8. 我感到无力而且容易疲劳。(1～2～3～4)

9. 我感到平静，能安静坐下来。(4～3～2～1)

10. 我感到我的心跳较快。(1～2～3～4)

11. 我因阵阵的眩晕而不舒服。(1～2～3～4)

12. 我有时刻要晕倒的感觉。(1～2～3～4)

13. 我呼吸时进气和出气都不费力。(4～3～2～1)

14. 我的手指和脚趾感到麻木和刺痛。(1～2～3～4)

15. 我因胃痛和消化不良而苦恼。(1～2～3～4)

16. 我必须时常排尿。(1～2～3～4)

17. 我的手总是温暖而干燥。(4～3～2～1)

18. 我觉得脸发烧发红。（1～2～3～4）

19. 我容易入睡，晚上休息得很好。（4～3～2～1）

20. 我做恶梦。（1～2～3～4）

评分标准：

焦虑自评量表采用1～4制记分，把各题的得分相加为总分，总分乘以1.25，四舍五入取整数即得标准分。临界值为50，分值越高，焦虑倾向越明显。

## 你的孤独情绪测评表

测试方法：

题目后面括号中的分数所代表的意思依次是："1－从不"、"2－很少"、"3－有时"、"4－经常"。

1. 和周围的人相处融洽，有"物以类聚"之感。(4～3～2～1)

2. 你觉得缺个伴儿。(1～2～3～4)

3. 你觉得没人可以求助、分享或依靠。(1～2～3～4)

4. 你觉得孤单。(1～2～3～4)

5. 你觉得是朋友群中的一员。(4～3～2～1)

6. 你觉得和身边的人有很多共同点。(4～3～2～1)

7. 你觉得和任何人都不再亲近了。(1～2～3～4)

8. 你觉得你不能和周遭的人分享自己的兴趣和想法。(1～2～3～4)

9. 你觉得自己外向且友好。(4～3～2～1)

10. 你觉得和别人很亲近。(4～3～2～1)

11. 你觉得自己遭人冷落。(1～2～3～4)

12. 你觉得自己和别人的交往没有意义。(1～2～3～4)

13. 你觉得没人了解你。(1～2～3～4)

14. 你觉得自己与他人隔绝了。(1～2～3～4)

15. 你觉得如果你想，就一定能找个伴儿。(4～3～2～1)

16. 你觉得还是有人真正理解你。(4～3～2～1)

17. 你觉得害羞。(1～2～3～4)

18. 你觉得你身边虽然有人，但他们却没真正和你在一起。

(1～2～3～4)

19.你觉得还是有人可以说说话。(4～3～2～1)

20.你觉得还是有人可以求助、分享或依靠。(4～3～2～1)

测试结果:

44 分以上:高度孤独;

33～39 分:中间水平;(28～33 是一般偏下孤独,39～44 是一般偏上孤独。)

28 分以下:低度孤独。

**知识链接**

## 自信起来

人并不是天生自信与自卑的，后天形成的许多观念对一个人的影响非常大，由于种种原因，在我们的生活中形成了许多影响我们的错误观念，并变成一种习惯，无意识、深深地影响我们的行为方式。下面是错误观念与正确观念的对比，大声地把它们读出来，很快你会增加对自己的了解，变得自信起来。

| 错误观念 | 正确观念 |
| --- | --- |
| 把你的需要放在别人的需要之前是自私行为 | 有时你有权把自己放在第一位 |
| 犯错误是可耻的 | 你有权犯错误 |
| 如果多数人认为你的感觉不合理，你一定错了 | 你有权最终判断你的感觉，并认为它是对的 |
| 少发表意见，多听多学 | 你应该发表自己的看法 |
| 你应永远保持前后一致 | 你有权改变想法和行为 |
| 对你的安排必有其合理性 | 你有权反抗不公正待遇 |
| 你不应占用他人的时间 | 你有权寻求帮助或支持 |
| 别人不喜欢听你诉说痛苦 | 你有权表达痛苦 |
| 任何人的建议你都应认真对待 | 你有权不理睬别人的意见 |
| 成功人士其实不受欢迎 | 你有权因学习或工作成功得到认可 |
| 你要尽量容忍别人 | 你有权说“不” |
| 你所感受到的和所做的应该有合理的原因 | 你不必证明给别人看 |
| 你应该对别人的需要和愿望敏感 | 你有权不理睬别人的需要 |
| 推托别人是不礼貌的 | 你有权选择推托 |

# 附表
# 食物性味和作用表

## 主食类

| | 食物名称 | 性味 | 作用 | 用途 | 附注 |
|---|---|---|---|---|---|
| 1 | 粳米 | 甘平 | 补脾、养胃、强壮、滋养 | 病后胃肠功能较弱，用于病后调养 | 含有B族维生素、维生素E等 |
| | 谷芽 | 甘平 | 健脾、开胃、消食 | 用于食欲不振、消化不良 | |
| 2 | 小麦 | 甘平 | 养心、健胃、安神 | 用于神志不宁，神经衰弱等 | 含淀粉酶、蛋白酶、B族维生素、维生素E等，凡气滞、口渴有湿热少吃 |
| | 浮小麦 | 甘平 | | 盗汗 | |
| 3 | 大麦 | 甘咸微寒 | 止汗、健脾、回乳 | 用于消化不良、食欲减退、哺乳期回奶 | 含有各种酶、B族维生素、维生素E等 |
| | 焦大麦 | 咸甘温 | 解渴、解暑 | 预防中暑 | |
| 4 | 玉米 | 甘平 | 健胃、降糖降血脂、健脑 | 防治动脉硬化、冠心病、原发性高血压、高脂血症等 | 含多种不饱和脂肪酸、谷氨酸等 |
| | 玉米须 | 甘淡 | 利尿、降压、止血、止泻 | 防止胆囊炎、肾炎水肿、黄疸型肝炎、原发性高血压、血尿等 | |
| 5 | 大豆 | 甘平 | 助消化、消肿毒、降血脂、补血等 | 防治溃疡、疖肿、高血脂症、缺铁性贫血等 | 富含蛋白质、脂肪外，还含铁质 |
| | 豆腐 | 甘微 | 补气、消热、利水等 | 防治心血管疾病，治疗便秘 | 含丰富的植物雌激素 |

## 瓜果豆类

| | 食物名称 | 性味 | 作用 | 用途 | 附注 |
|---|---|---|---|---|---|
| 1 | 西瓜 | 甘寒 | 消热、解毒、解渴、消暑、利尿等 | 高热、中暑、黄疸、水肿、酒精中毒、原发性高血压、肾炎等 | 含有各种维生素、碳水化合物、蛋白质、氨基酸、矿物质等，体寒的人不宜多食 |
| | 西瓜皮 | 甘寒 | 同上 | 同上 | |
| | 西瓜子仁 | | 清肺、润肠、助消化、降压 | 咳嗽、便秘、消化不良、原发性高血压等 | |
| 2 | 甜瓜 | 甘寒 | 止咳、消暑、清热、利尿等 | 发热、水肿等 | 含有维生素、糖类、氨基酸等，脾胃虚寒、腹胀便溏者忌服 |
| | 瓜蒂 | 极苦寒 | 催吐 | | 中药材 |
| 3 | 黄瓜 | 甘寒 | 清热、利水、解毒 | 发热性疾病、少尿、水肿 | 鲜黄瓜含丙醇二酸，有抑制体内碳水化合物、软化脂肪的作用，故可减肥 |
| | 黄瓜藤 | | 降压 | 原发性高血压 | |
| 4 | 冬瓜 | 甘寒、凉 | 消暑、清热、利尿、润肺解毒等 | 预防中暑、发热性疾病、糖尿病、肾炎等 | 含有维生素、矿物质等，但含钠量低，为肾炎患者理想蔬菜，虚寒滑泄不宜食 |
| | 冬瓜皮 | 利水 | 消水肿 | | |
| | 冬瓜子 | 清肺、化痰、排脓 | 可治气管炎、肺脓肿 | | |
| 5 | 南瓜 | 甘温 | 润肺、补气 | 用于气管炎、哮喘等 | |
| | 南瓜子 | | 杀虫作用 | 治绦虫、血吸虫病等 | 南瓜子可驱虫，需生食；凡有脚气、黄疸、下痢胀满、气滞湿阳者忌食 |
| 6 | 丝瓜 | 甘凉假寒 | 清热解毒、止咳化痰 | 可治各种炎症、慢性气管炎等 | 含有皂甙等，多食易损阳气 |
| | 丝瓜叶 | 内服止咳化痰、外用止血 | 治老慢支 | | |
| | 丝瓜子 | 清热、化痰、驱虫 | | 主治蛔虫 | |
| | 丝瓜络 | | 活血通络、利尿、消肿 | 筋骨疼痛、鼻炎、水肿 | |

（续）

| | 食物名称 | 性 味 | 作 用 | 用 途 | 附 注 |
|---|---|---|---|---|---|
| 7 | 葡萄 | 甘酸平 | 健脾胃、益气血、利尿、滋阴生津 | 用于病后体弱、食欲减退、热病伤阴 | 含有卵磷脂、蛋白质、矿物质等，野葡萄可抗结核 |
| | 葡萄根 | | 健胃、止呕 | 能治妊娠反应 | |
| | 葡萄叶 | | | 可治妊娠中毒症 | |
| 8 | 苹果 | 甘酸凉 | 补心宜气、生津止咳、健胃、止泻 | 用于轻度腹泻、便秘、消化不良、高血压等 | 含有苹果酸、维生素等矿物质等 |
| 9 | 梨 | 甘寒 | 润肺、化痰止咳、养阴清火 | 用于治气管炎、咽喉炎及酒精中毒 | 含有磷、钙、铁、维生素 $B_1$、$B_2$、C 等，脾胃虚寒、呕吐、大便溏、腹冷痛及产妇慎食 |
| 10 | 桃 | 甘温酸 | 益气血、生精液、活血消积 | 用于治疗肺部疾患如气管炎、肺结核、淤血肿块 | 桃多食可生内热 |
| | 桃仁 | | 活血、消痰化淤、润肠 | 治疗月经不调、痛经、闭经、外伤、阑尾炎等 | 未成熟的小桃仁晾干后称为碧桃干，具有止汗作用，为常用中药 |
| 11 | 柿子 | 甘寒 | 清热、止咳润肠、化痰止泄、止血润肺 | 用于各种出血、腹泻、喉痛、咳嗽，也可用于原发性高血压 | 含有单宁酸，故不能多食。有利咽作用、治音哑，脾胃虚寒、痰内盛者不宜多食 |
| 12 | 山楂 | 甘酸平 | 开胃、消食、止泻、降血压等 | 治疗消化不良、食积腹泻、原发性高血压、高血脂等 | 有很强的抑菌作用，体外抑制痢疾、绿脓杆菌，胃酸过多、脾胃虚弱者不宜多食 |
| 13 | 柑橘 | 甘酸平 | 健胃、润肺、止咳 | 用于治疗气管炎、食欲不佳、维生素 C 缺乏症、发热等 | 含大量维生素 C 及其他各种维生素、枸橼酸等 |
| | 橘皮 | 辛甘温 | 理气、健胃、止咳化痰 | 用于治疗胸闷、腹胀、食欲不振、咳嗽有痰等 | 为常用中药，还有升压、兴奋心肌作用 |
| | 橘络 | 甘苦平 | 化痰、通络、降压 | 防治原发性高血压、胸肋痛、咳痰不畅等 | 含有维生素 P 等，为常用中药 |
| | 橘核 | 苦平 | 理气、治痛 | 治疝气、睾丸炎、乳腺炎等 | 为常用中药 |

（续）

| | 食物名称 | 性味 | 作用 | 用途 | 附注 |
|---|---|---|---|---|---|
| 14 | 荔枝 | 甘酸平 | 养心、补血强壮、生津和胃 | 产后或年高体弱、贫血等 | 含丰富果糖等，荔枝肉不能多吃，多吃可患“荔枝病”，即低血糖反应；阴虚火旺者不宜多食 |
| | 荔枝核 | 甘温 | 理气止痛 | 用治疝气、腹痛胃脘疼痛 | |
| 15 | 龙眼（桂圆） | 甘温 | 滋补强身、补血安神、补益心脾 | 贫血、产后或病后体弱、神经衰弱、心悸 | 中医入药用，内有痰火、温滞、停饮者不宜食 |
| 16 | 甘蔗 | 甘寒 | 解热、生津、止咳、止血、营养心肌 | 高热、支气管扩张、咯血、便秘、消化不良、病毒性心肌炎等 | 含12%碳水化合物，包括葡萄糖、果糖、蔗糖、维生素等；脾胃虚寒者慎食 |
| 17 | 红枣 | 甘温 | 养胃、健脾、补血强身 | 病后体虚、贫血、血小板减少性紫癜和过敏性紫癜、肝炎、原发性高血压等 | 为常用中药，腹胀、便秘者宜用、内热甚者不宜食用 |
| 18 | 核桃 | 甘温 | 滋补强壮、润肺化痰、对大脑神经有补养作用、补肾益精 | 产后体弱、神经衰弱、贫血、哮喘等 | 核桃树枝有抗癌作用；滑肠泄泻者慎食 |
| 19 | 荸荠 | 甘寒 | 清热止咳、开胃消食、润肺止咳化痰 | 各种发热性疾病、小儿口疮、消化不良、便秘、气管炎、酒精中毒 | 含有钙磷、维生素$B_1$、$B_2$、C、烟酸等，脾胃虚寒者不宜多食 |
| 20 | 花生 | 甘平 | 健脾润肺、降压养血、止血 | 用于营养不良、乳汁缺乏、冠心病、原发性高血压、高脂血症 | 花生衣可止血，花生壳有降胆固醇作用，体寒湿滞及肠滑便泄者不宜食 |
| 21 | 芝麻 | 甘平 | 强壮、补血、润肠、通乳、滋养肝肾 | 身体虚弱、贫血、神经衰弱、头发早白、老年性便秘等 | 含有脂肪酸、卵磷脂等；凡患疮毒湿症、皮肤病者忌食 |

（续）

| | 食物名称 | 性　味 | 作　用 | 用　途 | 附　注 |
|---|---|---|---|---|---|
| 22 | 赤豆 | 甘平 | 利水消肿、健脾、止泻 | 用于心脏病、肾脏病性水肿、肝硬化、腹水、乳汁缺乏、慢性腹泻、贫血等 | 含有丰富的钙、磷铁、维生素 B、烟酸等，津血枯燥、消瘦者不宜多食 |
| 23 | 绿豆 | 甘寒 | 清热、解毒、利水消肿、消暑、止咳 | 用于发热性疾病、丹毒、疮疡、烧伤、中暑等 | 含有丰富的钙、磷、铁、维生素 B、烟酸等，平常体虚寒者不宜多食及久食 |
| 24 | 扁豆 | 甘平微温 | 补脾、健胃、除湿、止泻 | 用于慢性腹泻、妇女白带、酒醉、呕吐、水肿，也可用于治糖尿病 | 含有凝血物质及溶血性皂素，生食可引起中毒，症状为头痛、头昏、恶心呕吐、烧熟后有毒物质即被破坏 |
| 25 | 蚕豆 | 甘平 | 止血、降压、益气健脾 | 治疗原发性高血压、各种出血、妇女白带等 | 含有丰富的钙、磷、铁等 |

## 蔬菜类

| | 食物名称 | 性　味 | 作　用 | 用　途 | 附　注 |
|---|---|---|---|---|---|
| 1 | 茄子 | 甘凉 | 消肿止痛、活血散淤、止血 | 治风湿痛、消化管出血、原发性高血压、动脉硬化等 | 含有多种维生素，用醋捣烂，外敷各种肿毒，脾虚泻、中焦虚寒者均不宜多食 |
| 2 | 萝卜 | 辛甘凉 | 消气顺气、化痰、平喘、醒酒、利尿、解毒散淤 | 消化不良、腹胀、气管炎、哮喘、感冒等 | 含葡萄糖、蔗糖、维生素 C、多种氨基酸等，抑制革兰阳性杆菌，能防止胆石形成，脾胃虚寒、食积不化者不宜食 |
| 3 | 菠菜 | 甘凉 | 活血通便、降压、解酒精中毒、养血止血 | 慢性习惯便秘、原发性高血压、冠心病、酒精中毒、便血、鼻出血 | 含蛋白质、碳水化合物、食物纤维、钙、磷、铁、烟酸、胡萝卜素、草酸，以及维生素 $B_1$、$B_2$、C，胃肠虚寒腹泻者少食 |

（续）

| | 食物名称 | 性 味 | 作 用 | 用 途 | 附 注 |
|---|---|---|---|---|---|
| 4 | 胡萝卜 | 甘平 | 健胃、补气降压、生血强心 | 用于治夜盲症、营养不良、小儿软骨病、高血压等，胡萝卜泥可治小儿腹泻 | 含多种胡萝素、维生素 B1、挥发油，食时不宜加醋，以防破坏胡萝卜素 |
| 5 | 芹菜 | 甘凉 | 健脑、健脾润肺、止咳、降压利水、清热 | 治神经衰弱、原发性高血压、动脉硬化、老慢支、黄疸、水肿、小便不利 | 含挥发油、氨基酸等，脾胃虚弱、大便溏薄者不宜多食 |
| 6 | 白菜 | 甘微寒平 | 通利肠胃、宽胸、消食、养胃 | 便秘、维生素 C 缺乏症，也可防治感冒、消化不良 | 白菜根与葱根同煎汤服，防治冬季感冒，可抑制对亚硝胺的吸收、合成和积累 |
| 7 | 韭菜 | 辛温 | 兴奋、活血、止血、温中、行气散淤、补虚益阳 | 用于损伤跌打、慢性腹泻、反胃呕吐等 | 韭菜子有类似男性激素作用，韭菜根有较好的止血作用，胃虚有热及溃疡者不宜食 |
| 8 | 芫荽（香菜） | 辛温 | 芳香健胃、解毒、促进外周血液循环、发汗、消食下气 | 用于诱发麻疹，防止肉类、食物中毒、感冒、食物积滞 | 含维生素 C 和挥发油，服补药忌食，药中有白术、牡丹皮则不宜同食 |
| 9 | 藕 | 甘寒 | 解咳、醒酒、止血、散淤、清热、生津养血、止泻、健脾开胃 | 发热性疾病、咯血、鼻出血、尿血、血小板减少、月经过多、酒精中毒 | 熟藕有补脾胃作用 |
| | 藕节 | | 止血、止泻 | 各类出血、慢性腹泻 | 含有多量单宁酸，有血管收缩作用 |
| | 莲子 | 涩平甘 | 健脾、补血、养心安神、补肾固涩 | 用于体重减轻、虚弱心悸、失眠 | |
| | 莲房 | | 散淤、止白带 | 治跌打损伤、妇女白带 | |
| | 荷叶 | | 清热、解暑、降血脂、降胆固醇 | 防治中暑、高血脂症、冠心病等 | |

（续）

| | 食物名称 | 性味 | 作用 | 用途 | 附注 |
|---|---|---|---|---|---|
| 10 | 山药 | 甘平 | 补中益气、滋肾益肺 | 病后体弱、消化不良、慢性腹泻、肺结核、妇女白带等，常年食用抗衰老 | 含有淀粉酶、精氨酸等，大便燥结者不宜食 |
| 11 | 茭白 | 甘凉 | 止渴、利尿、降压 | 原发性高血压、黄疸型肝炎 | 肾脏疾病、尿路结石或尿中草酸盐类结晶较多者宜食 |
| 12 | 慈菇 | 甘苦 | 行血、通淋、润肺、止咳、消暑解毒 | 小便淋沥、结石、咳嗽痰中带血、食毒、药毒 | 含有B族维生素及胰蛋白酶抑制剂 |
| 13 | 芋艿 | 甘辛平 | 软坚散结 | 煮羹食能消宿食，根叶捣烂敷治乳痈，鼻出血生捣汁解酒毒 | 含蛋白质、淀粉、脂类、钙、磷、铁等，多食有凝滞气之弊 |
| 14 | 荠菜 | 甘平 | 降压、止血、利尿、和脾明日、解毒 | 原发性高血压、各种出血如血尿、子宫功能性出血、乳糜尿等 | 含草酸等有机酸、多种氨基酸、碳水化合物、钾、钙、钠、铁氯及维生素B、C等 |
| 15 | 包菜 | 甘平 | 健胃止痛、补肾强骨、填髓健脑 | 胃十二指肠溃疡 | 婴儿及消化功能差者不宜食 |
| 16 | 莴笋 | 苦甘凉 | 清热、利水、通乳、凉血 | 小便不利、尿血、产后无乳 | 多食目糊，体寒和脾虚者不宜食 |
| 17 | 番茄 | 甘酸微寒 | 生津、止渴、健胃、消食 | 热病后口渴、消化不良、降低胆固醇 | 含丰富的胡萝卜素、柠檬酸、苹果酸、腺嘌呤、少量番茄碱、钙、磷、铁、B族维生素及维生素C |
| 18 | 黑木耳 | 甘平 | 滋养健胃、活血、补气益智、生血凉血、止血 | 用于月经过多、便血、原发性高血压、便秘等 | 含蛋白质、脂肪、食物纤维、钙、磷、铁、维生素 $B_1$、维生素 $B_2$、烟酸、胡萝卜素等，便溏者不宜多食 |

（续）

| | 食物名称 | 性　味 | 作　用 | 用　途 | 附　注 |
|---|---|---|---|---|---|
| 19 | 香菇（香蕈） | 甘平 | 益气、除风、和血、化痰、益胃 | 降脂、抗佝偻病、增进食欲 | 香蕈有抗癌作用，含多种氨基酸、脂肪、碳水化合物、食物纤维等；中寒有滞忌食；痘后、产后、病后可添食 |
| 20 | 蘑菇 | 甘平 | 开胃、理气化痰、健脾 | 降血糖、含血凝素蘑菇多糖，可提高免疫力 | 富含钙、磷、铁等 |
| 21 | 海带 | 咸寒 | 软坚、化痰、利尿 | 甲状腺肿、淋巴结肿、慢性气管炎、原发性高血压、高脂血症等 | 含有丰富的钙、磷、胡萝卜素及维生素 $B_1$、$B_2$ 等，碘含量丰富、脾胃虚寒者慎食 |

## 调味类

| | 食物名称 | 性　味 | 作　用 | 用　途 | 附　注 |
|---|---|---|---|---|---|
| 1 | 葱 | 辛温 | 兴奋、发汗、杀菌、增进食欲、祛风 | 用于防治感冒、上呼吸道感染、慢性鼻炎等 | 主要成分为葱辣素等挥发性物质 |
| 2 | 蒜 | 辛温 | 杀菌、消炎、止泻、利尿、降压，为广谱抗菌作用；抗白色念珠菌、杀灭阿米巴，能减轻主动脉粥样硬化、刺激网状内皮细胞增生，抗腹水、肉瘤细胞的有丝分裂作用，杀虫、解毒、消积、行滞、健胃 | 治疗痢疾、腹泻、防治流感、肺炎、肝炎、灌肠治蛲虫病、肺结核、百日咳 | 含挥发油、大蒜素，生食有作用，熟食后基本无作用，溃疡病者忌食，阴虚火旺者以及口齿、喉舌病均忌食 |
| 3 | 辣椒 | 辛辣温热 | 温中散寒、开胃消食 | 食欲不振、增加唾液分泌及淀粉酶活性，消化不良、风湿骨痛 | 热性病及溃疡病忌食；辣味为辣椒碱，色素为隐黄素 |

（续）

| | 食物名称 | 性　味 | 作　用 | 用　途 | 附　注 |
|---|---|---|---|---|---|
| 4 | 生姜 | 辛温 | 发汗、温胃、止呕散寒、解毒、止泻等 | 感冒、受寒腹痛、妊娠呕吐等 | 主要成分为姜辣素、由肾脏排泄，故不宜多食 |
| 5 | 花椒 | 辛温热 | 温中止泻、杀菌、散寒除湿 | 积食停饭、胃寒、腹痛、慢性腹泻，外用治湿疹、脚气等，药用可驱蛔虫 | 主要成分为花椒油，在试管中有较强的广谱抑菌作用，也有用来作局部麻醉止痛；阴虚内热者忌食 |
| 6 | 胡椒 | 辛温 | 温中散寒、健胃、利尿、解毒 | 腹痛、食欲不振、反胃、吐清水、积食，解鱼、蟹及荤菜食物中毒 | 主要成分为胡辣椒碱和胡椒新碱，挥发油含向日葵素等，孕妇、吐血者忌服，多食发痔疮，胃热、阴虚等内热较重者不宜食 |
| 7 | 酱（面酱） | 咸寒 | 健胃、除烦 | 增进食欲、虚烦不眠等神经官能症 | |
| 8 | 醋 | 酸、苦、温 | 杀菌、散瘀止血、解毒、健胃、助消化 | 预防流感、流脑、上呼吸道感染、食欲不振、酒精中毒、产后出血性休克、跌打损伤等 | 主要成分醋酸，烧伤时加食醋可使维生素和钙减少损失，不能放在铜器内烧煮、以防引起铜中毒，服“茯苓、丹参”不可服醋，脾胃湿困、外感初起忌食 |
| 9 | 红糖 | 甘温 | 益气、缓中、健脾、活血化淤、散寒解毒 | 病后体质虚弱、产后散寒恶露不尽、痛经、风寒感冒 | 红糖比白糖富有营养，含铬、铁、胡萝卜素等，凡内热者不宜多食 |
| 10 | 酒 | 辛、甘、热 | 散淤活血、祛风散寒、强心提神 | 关节疼痛、跌打损伤、精神疲劳 | 血管硬化、原发性高血压、肝炎、肝硬化、冠心病、溃疡病者，忌饮酒后同房怀孕，受酒精毒害胎儿智力差，阴虚、失血及湿热甚者忌服 |

（续）

| | 食物名称 | 性　味 | 作　用 | 用　途 | 附　注 |
|---|---|---|---|---|---|
| 11 | 茶叶 | 甘苦 | 降火、解毒、利尿、微寒消食、兴奋等作用 | 心烦口渴、治痢疾、肠炎、消化不良等，并可用于肾脏疾病、心动过缓、房室传导阻滞等，并能防治血管硬化 | 所含单宁酸有杀菌、解金属毒、预防放射性物质的作用，所含咖啡因系兴奋剂，兴奋大脑所含儿茶酚能改善血管柔软性及渗透能力，硅酸可提高白细胞，原发性高血压、哺乳期妇女、习惯性便秘者忌服 |
| 12 | 茴香 | 辛温 | 温阳散寒、和胃理气 | 治胃痛、呕吐、腹胀疝气、肾虚腰痛、睾丸肿大、降低胃张力、增进肠蠕动、促进气体排出 | 含挥发油、茴香醚、小茴香酮等，阴虚火旺者慎 |
| 13 | 大茴香（八角） | 辛甘温 | 温阳散寒、理气开胃 | 有抗菌、升白细胞作用，治胃寒、呕吐、腹痛、肾虚腰痛 | 含挥发油、茴香醚和少量甲基胡椒酚、茴香醛、茴香酮等，阴虚火旺者慎服 |

## 鸡鱼肉蛋类

| | 食物名称 | 性　味 | 作　用 | 用　途 | 附　注 |
|---|---|---|---|---|---|
| 1 | 鸡 | 甘温 | 补益气血、健脾胃、强壮筋骨、活血调经 | 老年、病后、产后、体虚、肺结核、性功能减退 | 雄鸡其性属阳，用于补虚弱，母鸡其性属阴，用于老年及产后体弱 |
| | 鸡肝 | 甘微温 | 补肝肾、安胎止血、明目养血 | 治疗贫血、夜盲症、先兆流产等 | 乌骨鸡入药用、性味甘平、补肝肾、益气血、调经 |
| | 鸡肾 | | 补肝、肾 | 治疗头晕目花、耳鸣 | 中药“乌鸡白凤丸”以乌骨鸡为原料 |
| | 鸡心 | | 补心镇静 | 治疗心悸、健忘、失眠等神经衰弱症 | |
| | 鸡胆 | 苦寒 | 清热解毒 | 治白日咳 | |

（续）

| | 食物名称 | 性　味 | 作　用 | 用　途 | 附　注 |
|---|---|---|---|---|---|
| 1 | 鸡脑<br>鸡血<br>鸡肫皮 | 咸平 | 补脑<br>养血安肾、祛风活血<br>助消化、健脾胃 | 治多梦易惊、小儿惊厥、健忘<br>治支气管炎、哮喘、功能性子宫出血、溃疡病、慢性肝炎等<br>消化不良，亦治遗精和妇女月经不调 | |
| 2 | 鸭<br>鸭血<br>鸭胆<br>鸭肫 | 甘微温（母鸭）<br>甘微寒（公鸭） | 滋阴补肾、化痰、利水、养胃<br>祛血瘀、解血热<br>清热<br>同鸡肫皮 | 产后体虚、老年咳嗽气喘、肺结核病等，治各种淤血，可外治疮痛 | 鸭作为营养补品，具有“阴虚者服后不燥、阳虚者服后不见”等优点，民间把鸭作为虚痨（肺结核）的良药，痞胀、便泄者不宜食 |
| 3 | 鸡蛋<br>蛋黄<br>蛋壳<br>蛋膜衣 | 蛋白<br>性寒味甘<br>性平味甘 | 清热、解毒、消炎，保护黏膜<br>温胃、镇静、消炎<br>止酸止痛<br>润肺、止咳、止血 | 食物或药物中毒、咽喉肿痛、音哑等<br>体虚、痢疾、肺结核盗汗，蛋黄油外用治乳头破裂、婴儿奶癣溃疡病、小儿软骨病等<br>支气管哮喘、音哑、创伤、小儿夜啼症 | 蛋营养丰富全面、含有蛋白质、脂肪、卵黄素、卵磷脂、维生素（A、$B_1$、$B_2$、D）及钙、铁、磷等矿物质，鸭蛋作用与鸡蛋相同 |
| 4 | 鲤鱼 | 甘平 | 开胃、健脾、利水、消肿、通乳 | 水肿、黄疸、久咳、乳汁少等疾患，尤对妊娠水肿，常用于安胎等 | 鲤鱼有赤鲤、黄鲤、白鲤等，均可食用；肝昏迷、尿毒症者忌 |
| 5 | 墨鱼 | 甘寒 | 补益脾胃、利水、消肿、清热祛风 | 慢性肝炎、肝硬化、妊娠水肿、肾病综合征等 | 有肝昏迷、尿毒症者禁用 |
| 6 | 鲫鱼 | 甘温 | 益气健脾、利水通乳 | 小儿营养不良、肝病、肾病、水肿及妊娠水肿、乳汁少，也适用于透发麻疹 | 有肝昏迷、尿毒症者禁用 |

（续）

| | 食物名称 | 性　味 | 作　用 | 用　途 | 附　注 |
|---|---|---|---|---|---|
| 7 | 鳗鲡 | 甘平 | 滋补强壮，有抗结核、祛风湿等功效 | 主治妇女白带、劳损肺结核 | 鳗鱼熬油、外用治疗结核性瘘管 |
| 8 | 黄鳝 | 甘、大温 | 补中益气、养血、降血糖 | 治痔疮出血、脱肛、子宫脱垂、胃下垂、糖尿病、风湿等 | 能降低高血糖、对低血糖能升高，具有类似胰岛素降血糖作用，多食动风，阴虚者忌食 |
| 9 | 鳖（甲鱼） | 咸寒 | 滋阴、除热、散结消痞、益肾健骨、散淤血 | 月经不调、肝脾肿大、低热、肺结核、遗精 | 孕妇、产后腹泻不宜食 |
| | 鳖甲 | | 滋阴潜阳、散结消痞 | 肝脾肿大、低热等 | |
| | 鳖血 | | 滋阴退热 | 肺结核、低热、慢性肝炎 | |
| | 鳖头 | | 补气助阳 | 脱肛、子宫脱垂 | |
| 10 | 乌龟 | 咸甘平 | 强壮、滋补、健骨、益阴补血 | 体质虚弱、产后体虚、疟疾历久不愈、脱肛、子宫脱垂、遗精、阳痿、糖尿病 | 龟肉可治糖尿病，龟头可治脑震荡后遗症，龟肉有一定的抗癌作用 |
| | 龟板 | | 滋阴清热、益肾健骨 | 骨结核、淋巴结核等，低热盗汗、慢性肾炎、神经衰弱、慢性肝炎等 | |
| 11 | 虾 | 甘温 | 补阴壮阳、益神通乳 | 遗精、阳痿、麻疹、脱发、乳汁较少、慢性溃疡 | |
| 12 | 蟹 | 咸寒 | 散淤血、通经络、催产 | 跌打损伤、关节疼痛、骨折、胎盘残留、死胎等 | 孕妇忌食，因有堕胎作用，系肺吸虫中间宿主，需烧熟食，不可生食，脾胃虚寒、外邪未清不宜食，蟹不与柿同食 |
| 13 | 墨鱼 | 咸微湿 | 益胃通气 | 胃炎、腹胀、妇女闭经 | |
| | 墨鱼汁 | | 止血 | 各种出血 | |
| | 乌贼骨 | | 和血、止酸、收敛、止血 | 溃疡病，胃酸过多、小儿软骨症、妇女白带，外伤出血 | |

（续）

| | 食物名称 | 性　味 | 作　用 | 用　途 | 附　注 |
|---|---|---|---|---|---|
| 14 | 海蜇 | 咸温 | 软坚化痰、降压、清热、解毒、祛风、除温 | 原发性高血压、慢性淋巴结炎 | 中央肉厚为蜇头、边缘皮薄为蜇皮 |
| 15 | 猪 | 甘咸平 | 益气补血、补肝肾 | 体质虚弱、贫血 | 凡湿热内蕴、痰浊阻滞、食滞便泄者不宜食 |
| | 猪胆 | 苦寒 | 清热、消炎、通便、止呕 | 各种炎症、百日咳、便秘 | |
| | 猪肾 | 咸寒 | 补肾 | 腰肌劳损、遗精盗汗 | |
| | 猪脑 | 甘平 | 健脑、补骨髓、益虚劳 | 神经衰弱、头晕 | 高胆固醇血症者宜少食 |
| | 猪肝 | 苦平 | 补肝明目、养血 | 贫血、夜盲症 | 高胆固醇血症者宜少食 |
| | 猪肺 | 甘平 | 补肺 | 哮喘、气管炎、肺虚 | 高胆固醇血症者宜少食 |
| | 猪肚 | 甘温 | 健脾胃、补虚损 | 食欲不振、萎缩性胃炎 | 消化功能差的不宜多食 |
| | 猪心 | 甘咸 | 镇静、养心补血 | 精神分裂症 | |
| | 猪蹄 | 平 | 生乳益气、补血 | 催乳、滑肌肤、治疗结核病 | |
| 16 | 黄牛肉 | 甘温 | 补中益气、滋养脾胃 | 治脾虚、久泻、脱肛、营养性水肿等 | 水牛、黄牛，牦牛、犀牛等肉均有相同的营养作用 |
| | 水牛肉 | 凉 | 利水、消肿 | | |
| | 牛角 | 苦寒 | 凉血、止血、清热解毒、镇静强心 | 高热惊厥、各种出血、血小板减少性紫癜 | 水牛角代替犀角，但功效比犀角小 |
| | 牛黄 | 苦寒凉 | 清热解毒、清心开窍 | 急慢性肝炎、心力衰竭<br>高热昏迷、神志不清、严重感染 | 牛黄系牛胆囊结石，多食能助热生火，热盛或火热症者不宜多食 |
| | 牛奶 | 甘平 | 养心肺、润皮肤、补虚员、益肺胃、生津润肠等 | 点眼治电光性眼炎，外敷治烧伤；内服治气管炎、体质虚弱 | 脾胃虚寒、痰湿水肿、积滞者慎服 |

（续）

| | 食物名称 | 性　味 | 作　用 | 用　途 | 附　注 |
|---|---|---|---|---|---|
| 17 | 羊 | 温 | 暖中补虚、滋补强壮、开胃健力 | 体虚怕冷、产后虚损贫血 | 发热、牙痛、便秘及痰火盛者忌食 |
| | 羊血 | 平 | 解毒 | 灌服治毒菌中毒 | |
| | 羊肝 | 寒 | 养肝明目、益血 | 夜盲症、贫血 | |
| | 羊角 | 感寒 | 镇静、降压 | 高热、昏迷、原发性高血压、癫痫等 | |
| 18 | 狗 | 甘温 | 温补、壮阳、补益脾胃 | 久病体弱、怕冷、老年体弱、阳痿 | 狗肾即生殖器，为治阳痿药物；热病后余热未清忌食，阴虚痰热者慎食 |
| 19 | 动物肝 | | 强壮补血 | 贫血 | |
| 20 | 动物肺 | | 补肺止喘 | 哮喘、久咳 | |

知识链接

## 做合格的父母

1. 你们是否有固定的全家一起参与的活动，比如散步、去祖父母家、购物或去朋友家等？

这是家庭成员进行交流的好机会，不要错过。

2. 你们是否同孩子一起观看他们喜爱的电视节目并展开讨论？

指导孩子有选择地看电视是现代家庭必不可少的一课。

3. 当孩子同你谈论学校里的事时，你是否认真倾听并做出反应？

倾听可以更多地了解孩子，在倾听后表达自己的意见或建议很重要，这会使孩子感觉到他是被关心和重视的。

4. 在孩子的特殊生理阶段到来之前，你是否准备同他谈一次话？

这是很重要的谈话，它可以帮助孩子更好地面对即将开始的新生活，以减少不必要的挫折和麻烦。

5. 夫妻吵架是否回避孩子，事后是否向孩子解释？

夫妻吵架是难免的，但攻击性的争吵会给孩子带来恐惧，所以当发生争吵时，父母应当顾及孩子的感受。

6. 当孩子沟通有障碍时，是放弃还是另想其他方式？

沟通有障碍说明亲子关系有问题，你可以从其他方面入手。当然，也许需要一段时间的等待。

7. 你是否会在客人面前公开谈论对孩子的教养心得？

请重视孩子的自尊，这种谈论有害无益。

8. 在孩子的朋友面前，你是否会大声斥责他？

这会让孩子很没有面子，即使孩子有错，也要等他的朋友走了以后再管教他。

9. 在孩子提出过分的物质要求时，你是简单地拒绝，还是先了解一下原因。

如果粗暴拒绝，你将失去一次了解孩子的机会。

10. 当你与孩子发生争执时，你是否会以摔坏他喜欢的物品作为惩罚？

这是很不成熟的表现，别忘记你是成年人，打击孩子不是良策。

11. 你是否会在孩子面前与他人谈论孩子的过失？

请维护孩子的自尊心，他一定不希望听到你在别人面前谈论他的过失。

12. 孩子解决不了的问题，你是如何帮助他的？

要相信孩子，他们有时要比父母想的好得多，为什么不让他自己试试看。

13. 你们的家务分配合理吗？有没有人不做家务？

责任的培养应该体现在家务的承担上，没有人可以找借口不做家务，只有多少有别而已。

14. 你是否认为工作忙是你无法教育孩子的充足理由？

教育孩子是父母的责任，工作忙是一个理由，却不是一个充足的理由。只要你想找时间，你就一定可以找到。

15. 你是否会在孩子面前赞美你的丈夫或妻子？

让孩子感觉到父母的相爱和家庭的温馨，会使他更有安全感，更容易相信别人。

16. 你的家庭面临困难时，会让每一个成员知道并共同分担吗？

为什么不呢？这是每一个家庭成员的责任，这会使你们彼此之间联系得更紧密。

17. 当孩子完成了学校的功课，你是否为他安排剩下的时间？

也许你认为安排孩子的剩余时间是在帮助他，但是也不要忘记孩子也有权利安排自己的生活，你可以指导但不应强迫。

18. 你是否认为孩子的功课如果不好，其他方面再优秀也没有用？

功课并不是孩子生活的全部，不要误以为功课是孩子的生活核心，成长比成绩重要，要从各种角度来全面评价孩子。

# 参考文献

[1]刘玉. 铁路员工工作压力研究[M]. 成都：西南交通大学出版社，2012.

[2]李焰，于文宏. 压力管理实务[M]. 北京：机械工业出版社，2012.

[3]王晓梅. 心理健康读本[M]. 北京：中国铁道出版社，2012.